KOMMUNIKATIONSNETZWERKE IM KÖRPER

KOMMUNIKATIONSNETZWERKE IM KÖRPER

Psychoneuroimmunologie – Aspekte einer neuen Wissenschaftsdisziplin

Herausgegeben von Kurt S. Zänker

Spektrum
AKADEMISCHER VERLAG

Alle Teile des Körperhaushalts bilden einen Kreis.
Jeder Kreis ist zugleich Anfang und Ende.

Hippokrates (460–370 v. Chr.)

Inhalt

Vorwort

Die Entwicklung einer neuen Wissenschaftsdisziplin ist eine hohe Kulturleistung. Sie ergibt sich nicht zufällig, sondern ist Ausdruck einer zeitbedingten Wandlung wissenschaftlicher Interpretation. Die Herausbildung und Anerkennung der Wissenschaftsdisziplin Psycho-Neuro-Immunologie stellt dafür ein gutes Beispiel dar. Sie hat viele Anfänge in den Einzelbeobachtungen von Ärzten, Psychologen und Neurobiologen. Für deren Zusammenführung bedurfte es jedoch einiger weitblickender Wissenschaftler wie Robert Ader und Nicholas Cohen sowie Bernie Fox in den USA und Hugo Besedovsky in Basel – um nur ein paar zu nennen –, welche die Ergebnisse ihres jeweiligen Fachgebiets in einen interdisziplinären Kontext bündelten; ihre weiterführenden Experimente belegten schließlich, wie eng Emotionen mit somatischen (körperlichen) Abläufen verschaltet sind. Die überzeugende naturwissenschaftliche Präsentation solcher Ergebnisse hat nicht nur zur Durchsetzung der neuen Forschungsrichtung geführt, sondern im Laufe des letzten Jahrzehnts auch viele junge Wissenschaftler aus den verschiedensten Fachdisziplinen veranlaßt, sich diesem faszinierenden Feld zuzuwenden.

Das vorliegende Buch dient in erster Linie der Vermittlung von Grundinformationen zur Psychoneuroimmunologie. Darüber hinaus soll dem Leser aber auch ein Verständnis dafür nahegebracht werden, daß Erkenntnis und Erkenntniserweiterung eben nicht aus dem Nichts erfolgen, sondern oft durch die mutige Vernetzung von zeitgemäßen Vorstellungen mit visionären Ideen bestimmt werden. Wie die Wissenschaftsgeschichte immer wieder zeigt, läßt sich nicht zu jeder Zeit jeder Gedanke pragmatisch umsetzen. So war es auch lange verpönt, Gefühlen und der Verarbeitung von Gefühlen einen Einfluß auf somatische Prozesse zuzugestehen – inzwischen ein vielfach belegtes Faktum und ein zentraler Forschungsgegenstand der neuen Wissenschaftsdisziplin, die in diesem Buch vorgestellt wird.

Der Band mit seinen sechs Beiträgen ist nicht als Lehrbuch, eher schon als einführendes Lesebuch zu verstehen. Zudem stellt er eine selbständige Ergänzung zu der Video-Dokumentation *Krebs und Immunsystem. Einführung in die Zell-Zell-Kommunikation* (Spektrum-Videothek, Heidelberg 1991) dar. Der rote Faden des Buches beginnt mit meiner unmittelbaren Hinführung zur Psychoneuroimmunologie. Es schließen sich vier Artikel aus der Zeitschrift *Spektrum der Wissenschaft* an. Der Beitrag von Solomon Snyder beschäftigt sich mit den Grundlagen des Zell-Zell-Dialogs und geht dabei vor allem auf die Kommunikation in Hormon- und Nervensystem ein. Susumu Tonegawa beschreibt dann mit den Molekülen des Immunsystems gewissermaßen ein Paradesystem der Psychoneuroimmunologie. Der Artikel von Kendall Smith widmet sich einem wichtigen Botenstoff in diesem Netzwerk, der aus seiner molekularen und immunologischen Funktion heraus große klinische Hoffnung hinsichtlich eines therapeutischen Einsatzes geweckt hat. Konsequenterweise schließt sich der Beitrag von Steven A. Rosenberg an, der eben dieses Molekül – Interleukin 2 – zur Grundlage seines Krebsbekämpfungskonzepts gemacht hat.

Natürlich können die hier mitaufgenommenen älteren Artikel nicht den letzten molekularbiologischen Wissensstand wiedergeben. Aber das ist auch nicht ihr Zweck: Sie sollen Grundlagen vermitteln, und zudem läßt sich an der Chronologie dieser Beiträge auch ein wissenschaftshistorischer Aspekt aufzeigen – nämlich, daß vermeintlich „älteres“, manchmal auch fälschlich als „veraltet“ apostrophiertes Wissen durchaus Bestand hat. Dieses Wissen und der Umgang damit leisten aus ihrer Zeit heraus einen bedeutenden Beitrag zur Entwicklung einer neuen Wissenschaftsdisziplin.

Der Weg – im Speziellen beginnend und über experimentelle und klinische Einzelaspekte weiterführend – endet wieder mit dem Bemühen, alle Ebenen des Organismus zusammenzuführen, um eine ganzheitliche Betrachtung zu ermöglichen. Der Beitrag von Uwe an der Heiden fußt auf der Diskussion der Kreiskausalität und zirkulären Organisation verschiedener (beispielsweise neuronaler und hormoneller) Organsysteme. Der „Kausalität von unten“ stellt er die „Kausalität von oben“, der Homöostase die Dynamik gegenüber. Die „Kreiskausalität“ des Buches – der Bogen vom letzten zum ersten Artikel – schließt sich durch an der Heidens Betrachtungen zur Vernetzung verschiedener Ebenen wie Denken, Fühlen, Wahrnehmen, Handeln und Körperlichkeit. Ein paradigmatischer Ausschnitt daraus ist die Psychoneuroimmunologie.

Kurt S. Zänker
Witten, Herbst 1991

Die Bilder auf den folgenden sechs Seiten illustrieren am Beispiel der Immunabwehr einige Aspekte der Zell-Zell-Kommunikation. Die computererzeugten Impressionen vom Dialog zwischen zwei Zellen des Immunsystems – einem Makrophagen und einem Lymphocyten – sowie der Auseinandersetzung mit einer Tumorzelle sind dem Video *Krebs und Immunsystem. Einführung in die Zell-Zell-Kommunikation* (Spektrum-Videothek, Heidelberg 1991) entnommen. Die Animationssequenz und diese Photographien wurden von Peter Mandoki, München, erstellt. (Als Grundlage dienten rasterelektronenmikroskopische Aufnahmen der beteiligten Zellen.)

Bild a: Eine zentrale Stellung in der spezifischen Immunantwort nehmen die Makrophagen ein, die man auch „Freßzellen" nennt. Die hellviolett gefärbte Zelle ist ein solcher Makrophage. Mit seinen langen Ausläufern nimmt er Fremdsubstanzen auf, etwa langkettige Eiweißmoleküle, die er sodann im Zellinneren verdaut (abbaut). Bruchstücke davon – hier durch die blauen Pyramiden wiedergegeben – bietet er anschließend auf seiner Oberfläche dar – ein Prozeß, den man als Antigenpräsentation bezeichnet. Ein spezifischer Immundialog wird aber nur dann ausgelöst, wenn ein solches Antigen in enger Vergesellschaftung mit sogenannten Histokompatibilitäts- oder Gewebeverträglichkeitsproteinen (nach dem englischen *major histocompatibility complex* auch MHC-Moleküle genannt) präsentiert wird; diese sind auf dem Makrophagen als gelb-schwarze Strukturen dargestellt. Ein so aktivierter Makrophage, der auf seiner Zelloberfläche Gewebeverträglichkeitsmoleküle und Antigen im Verbund darbietet, beginnt lösliche Botenstoffe auszusenden – in diesem Fall Interleukin 1 (hellblaue Kugeln); diese finden ihren Dialogpartner in T-Lymphocyten wie der rechts unten dargestellten T-Helferzelle. Die T-Helferzelle ist charakterisiert durch den T-Zell-Rezeptor (die blauen „Dreibeine") – ähnlich wie die löslichen Antikörper sind diese membranständigen Rezeptoren jeweils für ein bestimmtes Antigen spezifisch – und durch ein als CD4 bezeichnetes Molekül. (CD steht für *cluster of differentiation*; diese Oberflächenmoleküle kennzeichnen bestimmte Differenzierungswege von T-Zellen.)

Bild b: Die durch Interleukin 1 alarmierte CD4-Zelle dockt mit ihren T-Zell-Rezeptor an das präsentierte Antigen an. (Rezeptor und Antigen passen wie Schlüssel und Schloß zusammen.) Das CD4-Molekül geht zusätzlich eine Bindung mit dem MHC-Protein des Makrophagen ein. Die T-Helfer-Zelle wird dadurch aktiviert.

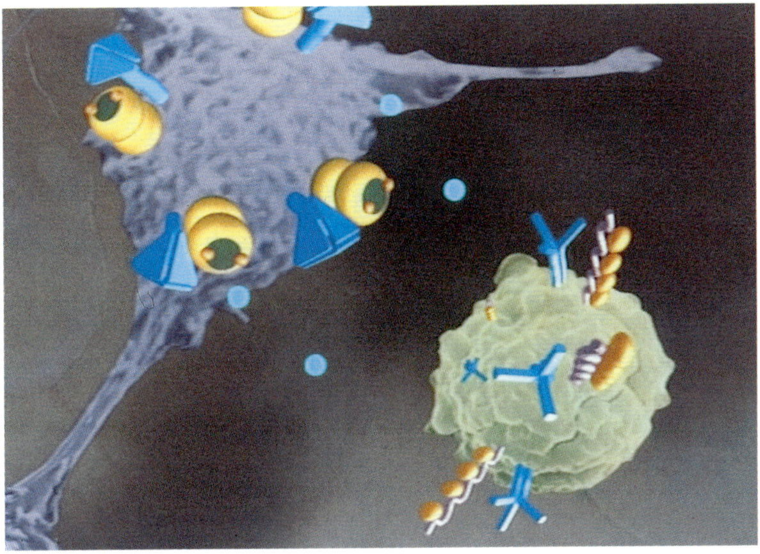

a

b

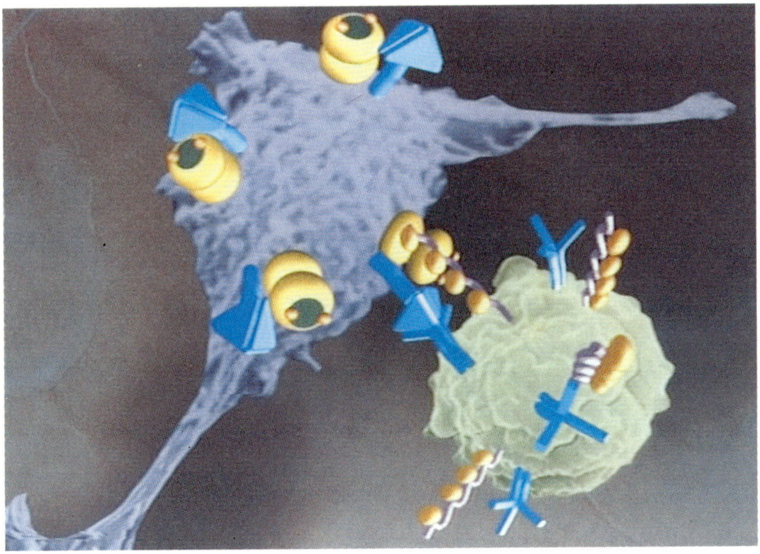

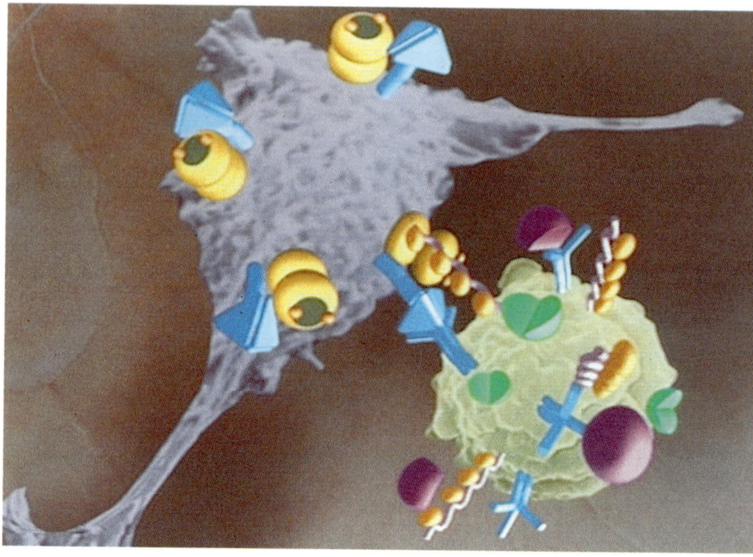

c

Bild c: Als Ausdruck der Aktivierung prägt die CD4-Zelle auf ihrer Oberfläche Interleukin-2-Rezeptoren (hier als grüne Blütenkelche stilisiert) aus und sendet zugleich Interleukin-2-Moleküle (violette Kugelsegmente) in ihre nähere Umgebung aus (parakrine/autokrine Kommunikation). Diese Botenstoffe regen allgemein CD4-Zellen und andere T-Lymphocyten zur Teilung und Vermehrung an und erhöhen damit die Schlagkraft des gesamten Abwehrsystems. (An der Kommunikation innerhalb des Immunsystems sind noch weitere Interleukine beziehungsweise Lymphokine beteiligt.)

Bild d: Die aktivierte CD4-Zelle beginnt nun, lösliches Gamma-Interferon (weiße Scheiben) auszuschütten, und antwortet damit gewissermaßen dem Makrophagen. (Auch Gamma-Interferon ist wieder ein multifunktionales Kommunikationsmolekül, das noch weitere Aufgaben erfüllt.)

Bild e: Die Rückmeldung von der CD4-Zelle erwidert der Makrophage seinerseits mit einer vermehrten Ausprägung von (qualitativ gleichen) Antigen-MHC-Komplexen auf seiner Zelloberfläche. Er erhöht damit die Wahrscheinlichkeit, daß noch weitere CD4-Zellen mit ihm in einen Dialog treten, was eine erneute Verstärkung der Immunantwort bedeutet.

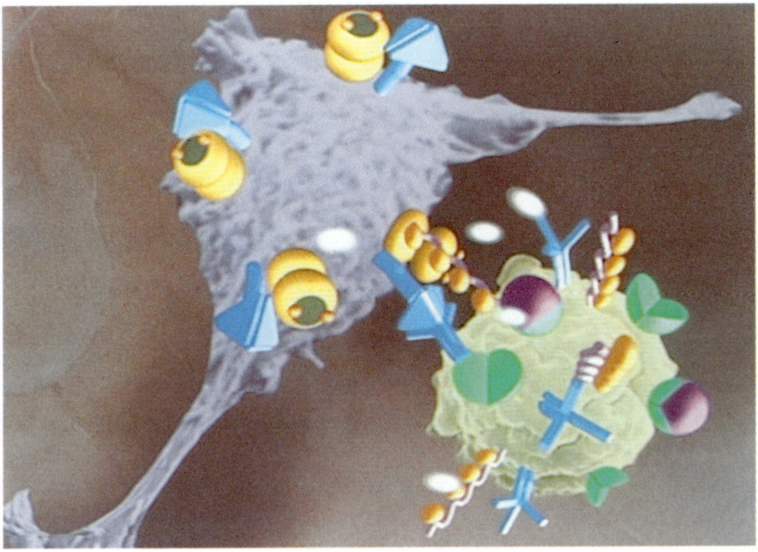

d

e

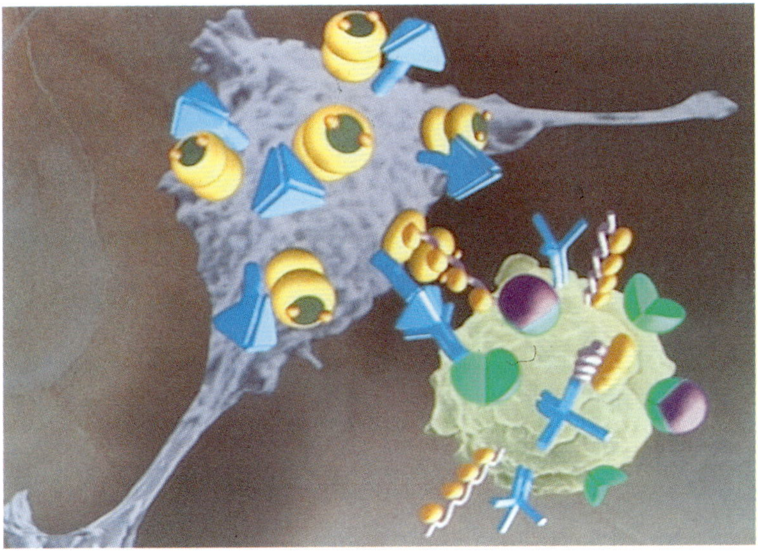

f

Bild f: Durch Interleukin 2 wird noch eine andere Gruppe von T-Lymphocyten aus dem T-Zell-Reservoir unseres Körpers rekrutiert und aktiviert, nämlich die sogenannten cytotoxischen T-Zellen (Zellen mit der Fähigkeit, andere Zellen spezifisch zu schädigen). Sie tragen neben dem Interleukin-2-Rezeptor und einem antigenspezifischen T-Zell-Rezeptor (hier blau und hufeisenförmig dargestellt) noch das kennzeichnende CD8-Molekül (gelb) und werden folglich auch als CD8-Zellen bezeichnet.

Bild g: Als Ausdruck eines Aktivierungsprozesses nimmt die zuvor kugelförmige CD8-Zelle eine längliche Gestalt an. Sie ist nun bereit, ihre tödliche Mission – etwa gegenüber einer virusinfizierten Zelle oder einer Tumorzelle – zu erfüllen.

Bild h: Die CD8-Zelle nimmt Kontakt mit einer (hier grün dargestellten) Tumorzelle auf. Ihr T-Zell-Rezeptor erkennt im Schlüssel-Schloß-Prinzip ein für die entartete Zelle charakteristisches Oberflächenmolekül, ein Tumorantigen (gelber Haken). Zugleich muß aber – wie schon beim Dialog zwischen Makrophage und CD4-Zelle – auch ein verändertes Gewebeverträglichkeitsprotein auf der Tumorzelle (hier blau eingefärbt) von der CD8-Zelle als fremd identifiziert werden; dazu bedient diese sich ihres CD8-Moleküls. Ist der lytische (zellzerstörende) Apparat der „Killer"-Zelle angeschaltet, so wird nach diesem Identifizierungsschritt die Tumorzelle zerstört (siehe Bild 5 im folgenden Artikel).

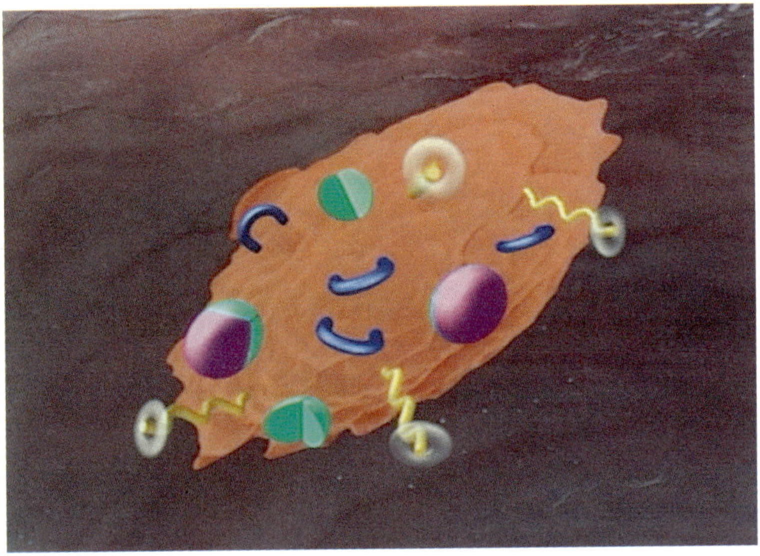

g

h

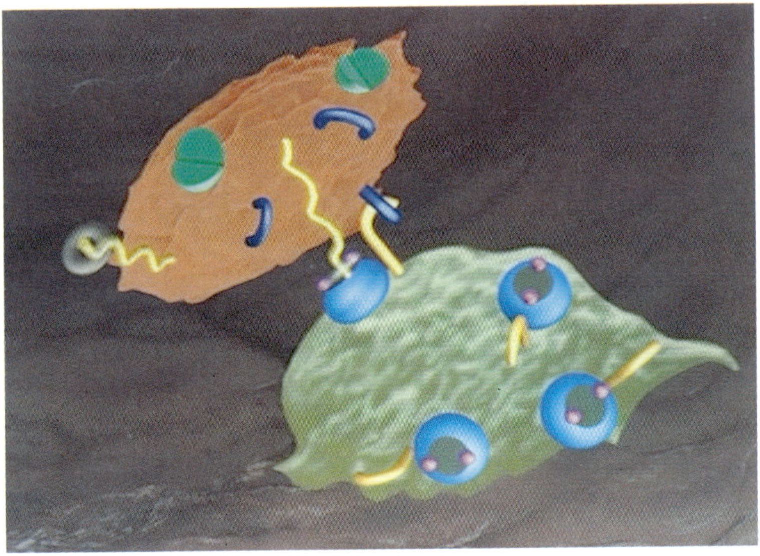

Knotenpunkte eines psycho-somatischen Netzwerkes: Moleküle und Zellen des Immunsystems, Hormone und Neuropeptide, Gefühle und Streß

Boten- und Signalstoffe, die vom zentralen Nervensystem, vom Hormonsystem und vom Immunsystem erzeugt werden, erweisen sich zunehmend als Träger des biologischen Dialogs zwischen diesen Systemen – und damit letztlich als Mittler zwischen Geist, Seele und Körper. Dieses komplexe Netzwerk der Kommunikation gehorcht keiner strengen Hierarchie, und der Dialog erfolgt an vielen Knotenpunkten. Es ist Aufgabe einer neuen Wissenschaftsdisziplin, der Psychoneuroimmunologie, diese Knotenpunkte zu identifizieren und funktionell zu beschreiben.

Von Kurt S. Zänker

Eine bedeutende intellektuelle Entwicklung des letzten Jahrzehnts war die Herausbildung und Anerkennung eines neuen, aufregenden Wissenschaftszweiges, der mit dem Wort Psychoneuroimmunologie (kurz PNI) beschrieben wird. Wie der Name schon andeutet, handelt es sich hier um ein übergreifendes Forschungsgebiet, das sich mit den Wechselbeziehungen zwischen Psyche, Nerven- und Immunsystem beschäftigt; hinzu kommt, wenngleich nicht als Bestandteil des Namens, das Hormon- oder endokrine System (Bild 1).

Der neue Forschungsansatz der Psychoneuroimmunologie greift aber noch eine andere, weiterreichende Entwicklung auf. Wissenschaftler aus den Gebieten der Humanmedizin, der Psychologie und Sprachforschung,

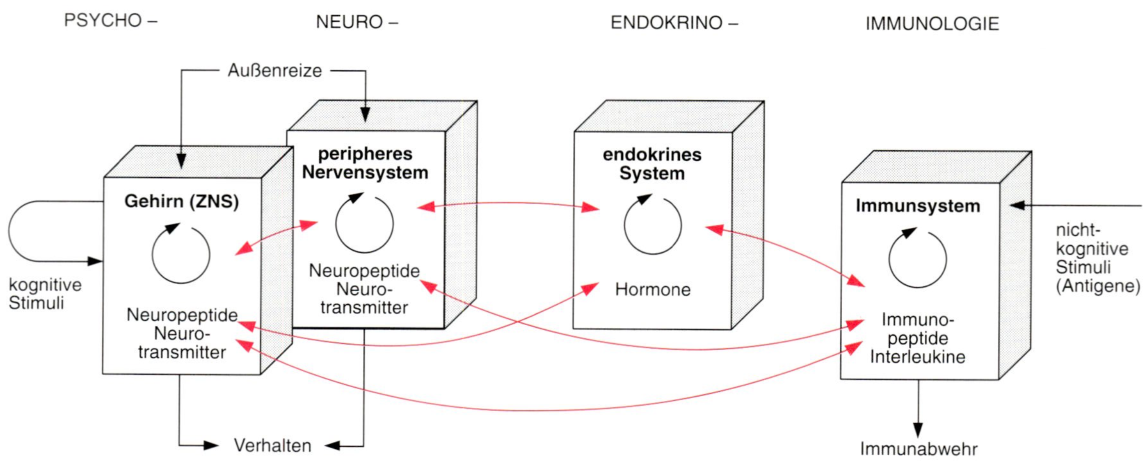

Bild 1 Immunsystem, Hormonsystem, Nervensystem und Psyche sind vielfältig miteinander vernetzt. Die Kommunikation zwischen und innerhalb dieser Teilsysteme erfolgt über unzählige Signal- und Botenstoffe, die oft genug nach Ort, Menge und Zeit unterschiedliche Informationen übermitteln. In das hier stark vereinfacht dargestellte Gesamtnetzwerk, das durch zahlreiche Rückkopplungsschleifen und zirkuläre Abhängigkeiten sowie eine besondere innere Dynamik gekennzeichnet ist (siehe den Artikel von Uwe an der Heiden in diesem Band), gliedern sich nicht nur alle physiologisch-somatischen Abläufe und Verhaltensäußerungen ein, sondern auch kognitiv-psychische Prozesse wie Wahrnehmen, Denken und Fühlen. Die neue Wissenschaftsdisziplin Psychoneuroimmunologie versucht dieses vernetzte Gesamtsystem zu untersuchen und zu beschreiben. Sie eröffnet damit nicht nur ungewohnte Einblicke in das Kontinuum von Krankheit und Gesundheit, sondern wirft auch neues Licht auf das uralte Leib-Seele- oder Körper-Geist-Problem.

der Informatik und modellbildenden Mathematik, der Neurobiologie und der Philosophie haben nämlich erkannt, daß sie vielfach ganz ähnliche integrative Fragen stellen – vor allem, wenn es um physiologische Steuerungsmechanismen, die Natur des Menschen und das Zusammenspiel von Geist, Gefühl und Körper geht. Betrachtet man die Methoden, welche die einzelnen Disziplinen anwenden, um sinnvolle Antworten auf ihre Fragen zu erhalten, so erweisen sich diese als durchaus unterschiedlich; verbindend sind aber die integrierenden Denkansätze. Die jeweils gewonnenen Ergebnisse ergänzen einander oft in hohem Maße, und nicht selten erwächst daraus eine besondere, synergistische Schubkraft für neue, kreative Fragestellungen.

Die Psychoneuroimmunologie versucht – auf dem Hintergrund solcher Synergien und zum Teil über eine klassisch-naturwissenschaftliche Beschreibung hinaus –, plausible Erklärungen dafür zu geben, wie ein Individuum Informationen und Signale aufnimmt, speichert, vergleichend verarbeitet, auf andere (Bewußtseins-)Ebenen überträgt und mitteilt, um damit, allgemein ausgedrückt, Leben in einer sozialen Gemeinschaft zu erhalten und zu gestalten. Dies schließt auch Fragen der Kommunikation zwischen einzelnen Teilsystemen im Körper sowie Aspekte des Verhältnisses zwischen Krankheit und Gesundheit ein. Die Prozesse der Informationsverarbeitung und Kommunikation umspannen sowohl molekulare und submolekulare als auch rationale, gefühls- und/oder instinktgesteuerte Abläufe. Solange sich die an solchen Abläufen beteiligten Moleküle – etwa Hormone – mit biochemischen Methoden reinigen und charakterisieren lassen und man ihre biologischen Funktionen, zum Beispiel die Steuerung des Sexualverhaltens, reproduzierbar festlegen kann, bewegt sich die wissenschaftliche Arbeit auf einem soliden Fundament. Doch schon bei dem Versuch, Denkprozesse naturwissenschaftlich zu erklären, kommt man in erhebliche Erklärungsschwierigkeiten; hier helfen uns nur Modellvorstellungen, die bestehenden Informationsdefizite zu überbrücken. Zudem wissen wir oft genug nicht, ob unsere naturwissenschaftlichen Erkenntnisse mit der Wirklichkeit übereinstimmen. Noch schwieriger wird es, wenn man von der Ebene der molekularen Mechanismen aus ein Konzept von „Emotion", „Verarbeitung von Gefühlen" oder gar „Seele" einführen möchte. Dieser Versuch stößt in einigen Wissenschaftszweigen sogar auf deutlichen Widerstand. Einer der Vorwürfe lautet, es handele sich hier um subjektive und damit einer wissenschaftlich objektiven Untersuchung nicht zugängliche Phänomene.

Zur Klärung solcher kritischen Fragen kann die psychologische Forschung beitragen, die inzwischen verläßliche Instrumente zur skalaren Beschreibbarkeit von Gefühlen wie etwa Angst, Ärger und Neugier entwickelt hat. Charles D. Spielberger von der Universität von Südflorida in

Tampa ist ein führender Vertreter einer derartigen Forschungsrichtung. Das von ihm mit- und weiterentwickelte, im internationalen Sprachvergleich (*cross-cultural*) geprüfte „Trait-/State-Konzept“, das zwischen weitgehend konstanten emotionalen Grundzuständen (nach dem englischen Wort auch in der deutschen Fachsprache als „Traits“ bezeichnet) und situationsgebundenen, stärker variablen emotionalen Zuständen („States“) unterscheidet, bietet die Möglichkeit, sogenannte „weiche“ Daten aus dem nichtmolekularen Bereich mit naturwissenschaftlich erhobenen Ergebnissen in Korrelation zu setzen. Diese Verknüpfung ist, wie ich später noch zeigen werde, bereits mit Erfolg durchgeführt worden.

Das Trait-/State-Konzept zur Erfassung psychologischer Variablen erlaubt statistische Analysen der Korrelation solcher Parameter mit neurochemischen und immunologischen Daten (siehe Bild 7). Trait-Angst oder Trait-Ärger erfassen zum Beispiel emotionale Grundzustände des Menschen, die sich physiologisch auf zentralnervöse Aktivierungs- und/oder Hemmprozesse – oder, molekularbiologisch ausgedrückt, auf das Zusammenspiel zahlreicher neuronaler Botenstoffe – zurückführen lassen. Letztendlich sind derartige Prozesse genetisch determiniert und damit auch hinreichend zeitkonstant. Sie können kaum kognitiv beeinflußt werden und sind gegebenenfalls eher einer medikamentösen Therapie zugänglich – ganz anders als die State-Zustände: Diese spiegeln beispielsweise die situative Angst oder den momentanen Ärger einer Person wider und lassen sich durch kognitive Therapieformen verändern. Wenn ein solches Konzept als Arbeitshypothese anerkannt wird, können sich Psychologen, Psychiater, Neurochemiker, Endokrinologen und Immunologen auf der Ebene der Psychoneuroimmunologie treffen.

Ich werde im folgenden zunächst exemplarisch einige Signal- und Botenstoffe und ihre physiologischen Wirkungen, besonders auf Substrate des Immunsystems, beschreiben. Die verschiedenen Formen zellulärer Kommunikation und diverse Belege für Zusammenhänge zwischen den Teilsystemen des Körpers sind weitere Themen. Daran schließt sich ein Abriß heutiger Vorstellungen über die Freisetzung und Modulation von Signalmolekülen durch Gefühle und deren Verarbeitung an, ehe am Ende der Versuch steht, in einer Synthese die Psychoneuroimmunologie zwingend als integratives Forschungsgebiet abzuleiten.

Das Neuro-/Immunopeptid-Netzwerk und Emotionen

Neuropeptide sind die ersten und vorerst auch wichtigsten molekularen Kandidaten für eine biochemische Beschreibung von Emotionen. (Der anschließende Artikel *Signalübertragung zwischen Zellen* von Solomon Snyder stellt einige dieser Moleküle und ihre Wirkungen vor.) Bis heute hat man etwa 60 verschiedene Neuropeptide charakterisiert, die in unterschiedlichen Strukturen des Gehirns und des peripheren Nervensystems nachweisbar sind. Ständig kommen neue hinzu, und aus elektrophoretischen Auftrennungen von Boten-RNA (mRNA) aus isolierten Zellen des zentralen Nervensystems darf man schließen, daß sich ihre Gesamtzahl auf mehrere tausend belaufen könnte. Sie alle strukturell und funktionell zu charakterisieren, geht über die Möglichkeiten der derzeit verfügbaren zellbiologischen, biochemischen und sonstigen funktionsbestimmenden Methoden hinaus.

Etliche Vertreter dieser scheinbar unerschöpflichen Klasse körpereigener Wirkstoffe werden nicht nur von Zellen des zentralen Nervensystems, sondern auch von solchen des Immunsystems produziert und ausgeschüttet. Im zweiten Fall spricht man statt von Neuropeptiden oft von Immunopeptiden. Ein Beispiel ist das – übrigens ursprünglich aus Tumorzellen der Bauchspeicheldrüse isolierte – vasoaktive Intestinal-Polypeptid (VIP), das sowohl von Nervenzellen als auch von polymorphkernigen Leukocyten und Mastzellen (zwei für immunologische Prozesse wichtigen Zelltypen) gebildet wird. Ähnliches gilt für das aus einem langen Vorläufermolekül (Pro-opiomelanocortin, POMC) herausgeschnittene Beta-Endorphin: Man findet es gleichermaßen in Zellen der Hirnanhangdrüse (Hypophyse) wie in peripheren Lymphocyten. (Interessanterweise reagieren diese beide Zelltypen gleichsinnig: Serotonin und serotoninähnliche – serotoninerge – Substanzen veranlassen sie, Beta-Endorphin auszuschütten, dopaminerge hemmen die Freisetzung.) Es gibt zahlreiche weitere Beispiele für derartige Überschneidungen. Gliazellen etwa, die im Nervensystem unter anderem Stütz-, Ernährungs- und Entsorgungsfunktionen erfüllen, stellen darüber hinaus – wie man inzwischen weiß – auch für Immunfunktionen wichtige Botenstoffe her, zum Beispiel Interleukin 1 (hauptsächlich ein Produkt der Makrophagen, der „Freßzellen" des Immunsystems) und Interleukin 6.

Viele Experimente auf Zellebene deuten darauf hin, daß solche Botenstoffe molekularbiologisch faßbare Knotenpunkte des komplexen Kommunikationsnetzwerkes im Körper sind und die Aktivitäten mehrerer Systeme miteinander verknüpfen. Oft findet ein mehrfaches Umschalten zwischen verschiedenen Systemen statt. Die Substanz P etwa – als Neuropeptid entscheidend an der Weiterleitung von Schmerzreizen im Zentralnervensystem beteiligt – wird auch von bestimmten weißen Blutkörperchen (Eosinophilen) produziert, und in Monocyten/Makrophagen regt sie, genau wie die ihr verwandte Substanz K, die Produktion von Interleukin 1 an. Interleukin 1 wiederum überträgt nicht nur Signale zwischen Zellen des Immunsystems, sondern vermag auch die Produktion des Nervenwachstumsfaktors (NGF) zu stimulieren und dadurch das Auswachsen von Neuriten (Axonen) zu gewährleisten. Doch selbst dieser Faktor bleibt nicht auf ein System beschränkt: Er wirkt darüber hinaus chemotaktisch auf polymorphkernige Granulocyten (lockt diese also an) und löst eine Degranulation (Ausschüttung der gespeicherten Substanzen) und Vermehrung von Mastzellen aus. Weitere systemübergreifende Botenstoffe sind die Interleukine 2 und 3, die ebenfalls das Nervenwachstum unterstützen.

Solche – zugegebenermaßen oft verwirrenden – Ergebnisse legen nahe, daß es sich bei den Neuro-/Immunopeptiden um stofflich faßbare und somit beschreibbare Informationsträger in einem neuroimmunologischen Netzwerk handelt. Auf der Ebene des Gesamtorganismus erfüllen sie eine integrierend-steuernde Funktion. (Bild 2 deutet den Dialog zwischen einer Nerven- und einer Immunzelle an.) Um das Bild der neuroimmunologischen Kommunikation im Körper zu vervollständigen und erste Zusammenhänge mit Gefühlen aufzuzeigen, ist es hilfreich, sich den Rezeptoren der Neuro-/Immunopeptide zuzuwenden und deren Vorkommen und Verteilung näher zu untersuchen. Es darf fast schon als Regel gelten, daß auf Monocyten/Makrophagen Neuropeptidrezeptoren in einer ähnlichen Vielfalt vorkommen wie Immunopeptidrezeptoren auf Zellen des zentralen Nervensystems. Die Unterscheidung in Neuropeptid- beziehungsweise Immunopeptidrezeptoren ist hier aus didaktischen Gründen sinnvoll; sie soll die Herkunft eines Signal- oder Botenstoffes, der von dem entsprechenden Rezeptor erkannt wird, klarstellen. Ein Immunopeptid wird von Zellen des Immunsystems produziert und sezerniert, ein Neuropeptid von Zellen des Nervensystems. Dabei kann ein und dasselbe Molekül durchaus – entsprechend seinem jeweiligen Syntheseort – einmal als Immuno-, einmal als Neuropeptid angesprochen werden.

Eine auffallende Dichte von Neuro- und Immunopeptidrezeptoren hat man im Gehirn in den zentralen Gebieten des limbischen Systems nachgewiesen, das klassischerweise als neuronales Substrat von Emotionen –

Bild 2 Immun- und Nervensystem stehen in einem wechselseitigen Dialog, in dem Immuno- beziehungsweise Neuropeptide als Vermittler dienen. In dieser nachträglich eingefärbten Photomontage ist angedeutet, wie eine Nervenzelle (oben) über Botenstoffe (●), die sie an ihre unmittelbare Umgebung abgibt, mit einem Lymphocyten, etwa einer T-Zelle (unten), kommuniziert. Der Lymphocyt verfügt auf seiner Zellmembran über entsprechende Rezeptoren. Die Bindung der Botenstoffe an diese Rezeptoren löst eine spezifische Reaktion der Immunzelle aus – etwa einen bestimmten Differenzierungsschritt oder die Aussendung anderer Signalsubstanzen. Man nennt diese Form der Kommunikation neurokrin. Wie immunhistochemische Untersuchungen zeigen, gibt es für solche eher impressionistischen Photomontagen zur Veranschaulichung eines neurolymphocytären Dialogs durchaus reale Pendants in Lymphknoten und anderen lymphatischen Geweben (Bild 3).

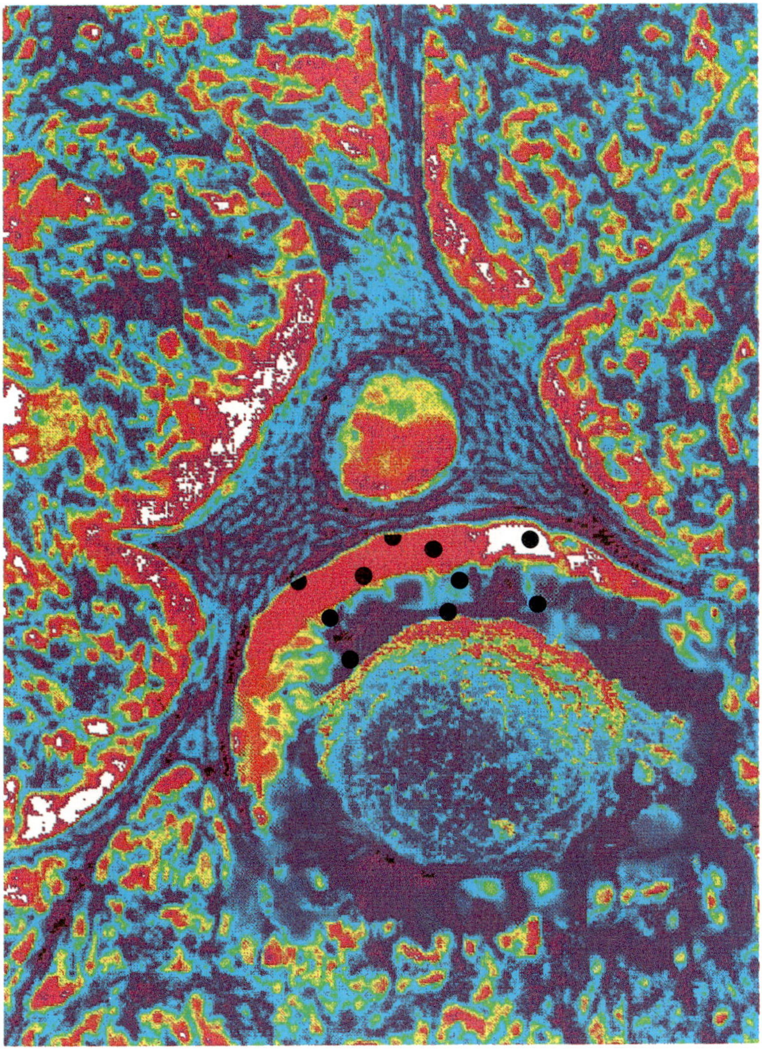

quasi als „Sitz der Gefühle" – gilt. So liegt die Vermutung nahe, daß die Aktivierung entsprechender Rezeptoren über nachfolgende, bislang noch weitgehend spekulative Abläufe Emotionen provoziert oder unterdrückt. (Die empirisch zu beobachtende Vielfalt und außerordentliche Sensitivität solcher Prozesse mag sich aus einer bei den einzelnen Botenstoffen unterschiedlichen Qualität der Bindung an die entsprechenden Rezeptorstrukturen ergeben.) Gleichzeitig können Neuro-/Immunopeptide immunkompetente Zellen modulieren. Umgekehrt werden von aktivierten Immunzellen abgegebene Immunopeptide im zentralen oder peripheren Nervensystem ausgewählte Rezeptoren besetzen und eine biologische Antwort der entsprechenden Struktur auslösen. (Über die Art der Dosis-Antwort-Kurven, die sich dabei einstellen, lassen sich derzeit noch keine gesicherten Aussagen machen. Allerdings ist bei diesen komplexen Abläufen über weite Bereiche ein nichtlinearer Zusammenhang zu erwarten, denn jeder Rezeptorqualität kann eine eigene Reizschwelle zugeteilt werden, was zeitlich und qualitativ unterschiedliche Reizantworten bedingt.)

Niemand wird bestreiten, daß Emotionen beziehungsweise die Art und Weise, wie ein Individuum mit ihnen umgeht und sie verarbeitet, mit darüber bestimmen, wem oder was es in jedem Augenblick seine Aufmerksamkeit schenkt; Gefühle – zusammen mit dem Versuch, diese mehr oder weniger erfolgreich rational zu gliedern – sagen dem Individuum, was zu tun und wie in einer gegebenen Situation angemessen zu reagieren ist (vergleiche Bild 11 in dem Beitrag von Uwe an der Heiden in diesem Buch). Gefühle, Geist und Körper führen untereinander einen fortwährenden Dialog. Diese Kommunikation bedarf morphologischer und chemischer Substrate, welche den Gesamtprozeß der Informationsvermittlung in Reizaufnahme, Reizverarbeitung, Reizweitergabe und Reizantwort gliedern. Die wichtigsten chemischen Substrate sind Neuro-/Immunopeptide (und Neurotransmitter), die somit – wie bereits erwähnt – am ehesten für die Aufgabe in Frage kommen, Emotionen und die Aktivität des Immunsystems im Wechselspiel miteinander zu verbinden.

Daß derartige Signalsubstanzen nicht unbedingt eindeutig definierte Wirkungen entfalten, sondern je nach Situation und Wirkort ganz verschiedene Reaktionen auslösen können, liegt in der Natur der Sache. Ein eindrucksvolles Beispiel für diese Ambivalenz liefern Experimente, in denen man Ratten den Botenstoff Angiotensin verabreicht – ein Peptid, das unter anderem den Wasserhaushalt reguliert. Spritzt man dem Versuchstier die Substanz in eine bestimmte Gehirnregion, das subfornikale Areal, so fängt es unabhängig von seiner derzeitigen Wassersättigung zu trinken an. Wird das Angiotensin dagegen so verabreicht, daß es sich zuerst an die entsprechenden Rezeptoren in der Niere binden kann, so beginnt diese unverzüglich Wasser zurückzuhalten. Ein und derselbe Botenstoff führt also – abhängig von Ort und Art der Rezeptorbindung – einmal zu einem wasseraufnehmenden, das andere Mal zu einem wassersparenden Verhalten.

Die Ergebnisse derartiger Experimente legen nahe, daß Neuro-/Immunopeptide ein weites Spektrum unterschiedlicher biologischer Antworten auslösen können. Bedenkt man außerdem, wie viele solche Peptide es nach heutiger Einschätzung wahrscheinlich gibt, so kann man das Ausmaß der netzwerkartig verknüpften Wechselwirkungen und Rückkopplungsebenen nur erahnen, das Lebewesen – insbesondere der Mensch – im Laufe der Evolution erworben haben, um physiologische Prozesse fein aufeinander abzustimmen, um Gedanken, Gefühle und Verhalten zu integrieren und um Gesundheit und Krankheit über eine Lebensspanne hinweg in Balance zu halten.

Immunregulation im Dialog der Systeme

Einen aufregenden direkten Beleg für die Kommunikation zwischen dem Nerven- und dem Immunsystem (wie sie in Bild 2 eher impressionistisch veranschaulicht ist) liefern elektronenmikroskopische Untersuchungen der Feinstruktur von lymphatischen Organen wie Thymus, Milz und Lymphknoten. In diesen Geweben lassen sich nämlich unter Anwendung immunhistochemischer Methoden Nervenfasern nachweisen, wie vor allem die Arbeitsgruppe um Eberhard Weihe am Anatomischen Institut der Johannes-Gutenberg-Universität Mainz gezeigt hat (Bild 3). Unter den Nervenfasern, welche die lymphatischen Gewebe innervieren, gibt es sowohl cholinerge (die Acetylcholin als Neurotransmitter verwenden) als auch adrenerge (die Adrenalin oder Noradrenalin ausschütten) – neben den nun ebenfalls entdeckten Fasern des sensiblen Nervensystems, die Weihe und seine Mitarbeiter untersuchen. Wie man heute weiß, tragen T-Lymphocyten entsprechende Rezeptoren, also etwa cholinerge sowie alpha- und beta-adrenerge. Cholinerge und alpha-adrenerge Stimulation steigern die Vermehrungsrate dieser Zellen, beta-adrenerge Reize vermindern oder blockieren sie. Hinsichtlich cytotoxischer und sekretorischer Funktionen bei T-Zellen ist ebenfalls ein solcher bimodaler Regulationsmechanismus bekannt. Im Thymus konnte man bisher nur eine unimodale Steigerung der Lymphoblastenvermehrung nach cholinergen beziehungsweise beta-adrenergen Reizen nachweisen; inhibitorische neuronale Aktivitäten sind dort noch nicht gezeigt worden.

Ultrastrukturelle Untersuchungen von Thymus, Milz und Lymphknoten sowie immunpharmakologische Daten belegen also eindeutig, daß das autonome (vegetative) wie auch das sensible Nervensystem mit dem anatomischen Substrat des Immunsystems verschaltet sind. Dabei prägen und

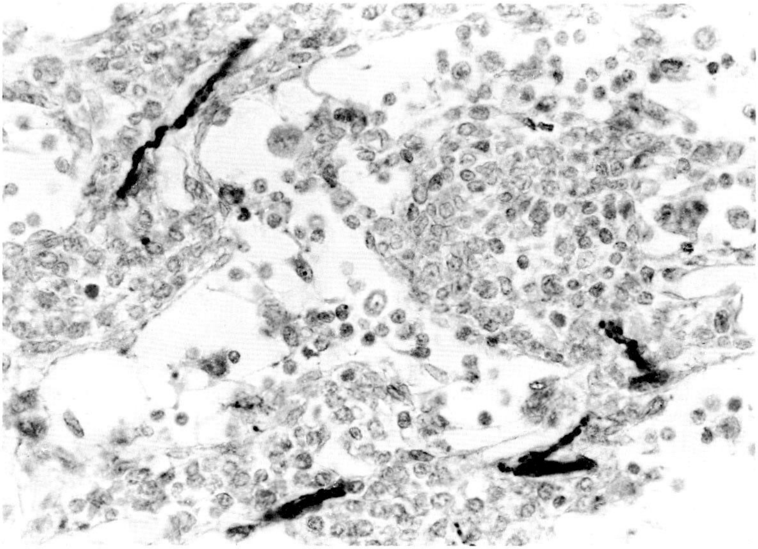

Bild 3 Ultrastrukturelle und immunhistochemische Untersuchungen an lympathischen Organen haben direkte Belege für die Kommunikation zwischen Immun- und Nervensystem erbracht. Diese Aufnahme von Eberhard Weihe von der Johannes-Gutenberg-Universität in Mainz zeigt einen Ausschnitt aus dem Lymphknoten eines Meerschweinchens. (Das Präparat wurde von Thorsten Fink angefertigt.) Die kleinen rundlichen Zellen sind Lymphocyten. Mit einem immunhistochemischen Verfahren hat man in dem lymphatischen Gewebe Nervenfasern nachgewiesen, die hier als schwarze Stränge zwischen den Lymphocyten verlaufen. Die Anfärbung beruht darauf, daß der etwa acht Mikrometer dicke Gewebeschnitt mit Antikörpern gegen die Substanz P (SP) versetzt wurde; solche Antikörper binden sich nur an Zellen, die dieses Neuropeptid enthalten. (Die auf diese Weise spezifisch antikörpermarkierten Nervenfasern wurden mit der sogenannten Streptavidin-Biotin-Peroxidasereaktion sichtbar gemacht.) Substanz P ist für bestimmte (sensible) Nervenfasern charakteristisch und besitzt immunmodulierende Eigenschaften. Immunzellen tragen für dieses und weitere Neuropeptide Rezeptoren. Eine ähnliche Innervation wie die Lymphknoten erfahren auch andere lymphatische Organe, etwa der Thymus oder das schleimhautassoziierte lymphatische Gewebe. Dagegen überwiegen in der Milz vegetative Nerven, die das Neuropeptid Y und körpereigene Opiate enthalten. Daß neben dem vegetativen auch das sensible Nervensystem einen Einfluß auf das Immunsystem ausübt, ist eine recht junge Erkenntnis. Interessanterweise produzieren bestimmte Immunzellen auch Botenstoffe, die an sich für das Nervensystem charakteristisch sind, allen voran Substanzen mit Opiatwirkung, die Enkephaline.

regeln Neurotransmitter (Neuropeptide) biologische Funktionen der in lymphatischen Organen seßhaften Immunzellen. Man spricht in diesem Zusammenhang auch von der „Erziehung der Lymphocyten".

Der Erziehungsprozeß scheint übrigens im wesentlichen auf die lymphatischen Organe beschränkt zu sein. Zumindest lassen physiologische Befunde sowie die Auswertung einer sehr uneinheitlichen Literatur zur quantitativen Beschreibung von verschiedenen Untergruppen peripherer Blutlymphocyten bei diversen Krankheitsbildern den Schluß zu, daß lymphoide Zellen, sobald sie ihre Ursprungsorgane verlassen haben und in die Peripherie (Blut, Lymphe) ausgewandert sind, dort nur noch schwach von Boten- und Signalstoffen moduliert werden. Sie kommen wieder stärker unter den Einfluß dieser Substanzen, wenn sie die Blut- oder Lymphbahnen verlassen und in das Gewebe einwandern oder in ihre Ursprungsorgane zurückkehren. Offensichtlich spielen sich also Lern- und Erziehungsprozesse von Lymphocyten nur in einer genau definierten Mikroumgebung ab; die „Transitstrecken", also Blut und Lymphe, sind in dieser Hinsicht fast zu vernachlässigen – eine Vermutung, die noch durch die Tatsache gestützt wird, daß unter physiologischen Bedingungen und mit den derzeit gängigen Methoden ein Übertritt vieler solcher Signal- und Botenstoffe in das Blut kaum nachweisbar ist.

Diese Aussage gilt allerdings nicht für die hormonelle Regulation immunkompetenter Zellen. Hormone erreichen ihre Erfolgsorgane definitionsgemäß vor allem über das Blut, und soweit im Blut wandernde immunkompetente Zellen entsprechende Rezeptoren tragen, werden sie, so darf man annehmen, von diesen Botenstoffen beeinflußt. Betrachtet man andererseits die biologische Halbwertszeit von Hormonen, ihre pulsartige und tagesrhythmische Freisetzung aus hormonsezernierenden (endokrinen) Drüsen sowie den geringen Anteil der peripheren Lymphocyten an der Gesamtzahl der Lymphocyten im Körper (unter 15 Prozent), so wird klar, daß unter physiologischen Bedingungen die Blut- und Lymphbahnen insgesamt nicht der entscheidende Ort für Modulationsvorgänge sein können.

Inwieweit durch chronische Einwirkung von Streßfaktoren veränderte (erhöhte) Hormonspiegel im Blut zu dauerhaft veränderten funktionellen Antworten peripherer lymphoider Zellen führen, ist Gegenstand intensiver Forschung. Man geht heute von der Arbeitshypothese aus, daß eine chronische Reizeinwirkung über permanent angehobene Konzentrationen von Streßhormonen (aus der Cortisolfamilie) durchaus prägend auf periphere Lymphocyten wirkt und daß solche biochemisch vermittelten „Engramme" auch im Sinne einer Zell-Zell-Kommunikation weitergegeben werden. Dabei kann es sowohl zu einer Hemmung (etwa im Migrationsverhalten, siehe Bild 6) als auch zu einer Aktivierung (Autoaggression) biologischer Funktionen kommen. Die Bedeutung solcher Phänomene für die Entstehung von Krankheitsbildern und deren Verlauf wird derzeit heftig diskutiert. Es verdichten sich jedoch die Hinweise, daß chronischer Streß bei gleichzeitigem Versagen von Kompensationsmechanismen die T-Zell-abhängige Immunität schwächt und auch das humorale Immunsystem beeinträchtigt.

Ein weiterer wichtiger Aspekt der Immunregulation ist ihre zeitliche Organisation. Obwohl chronobiologische Studien zur T-Zell-vermittelten Immunität noch nicht sehr zahlreich sind, spricht einiges dafür, daß auch die biologische Aktivität lymphoider Zellen rhythmischen Variationen (Tag/Nacht) unterliegt. Betrachtet man ergänzend die Nachweise circadianer Konzentrationsschwankungen bei Hormonen im Blut, so wird das Bild von der Verschaltung all jener Regelmechanismen, welche die Aktivität von Immunzellen bestimmen, nur noch komplexer. Es ist in diesem Zusammenhang interessant, daß man in retrospektiven Analysen zur jahreszeitlichen Verteilung der Mortalität (Sterblichkeit) bei Tumorpatienten und des Auftretens von Metastasen eine statistisch faßbare Abhängigkeit gefunden hat; ob hier lichtabhängige hormongesteuerte Aktivitäten des Immunsystems irgendeine Rolle spielen, weiß man noch nicht – eine faszinierende Idee ist es allemal. Die Grundaussage aber, daß unter physiologischen Bedingungen nur eine verschwindend kleine Zahl von immunkompetenten Zellen in Blut oder Lymphe vorrangige Ziele für immunmodulatorische Einflüsse sind, bleibt davon unberührt.

Formen zellulärer Kommunikation

Wie verständigen sich nun Lymphocyten, Nervenzellen und andere untereinander? Aus zahlreichen Untersuchungen an Zellen und Molekülen aus den verschiedensten Systemen hat sich heute ein Modell der Grundformen interzellulärer Kommunikation herauskristallisiert, von dem sich weitere molekulare Wechselwirkungen ableiten lassen. Derartige Modellvorstellungen sind keine wissenschaftliche Spielerei, sondern nicht zuletzt ernsthafte Versuche, Strategien für die klinische Anwendung von Signal- und Botenstoffen zu finden. Wir wollen hier fünf Grundformen der Zell-Zell-Kommunikation unterscheiden. Wenn Zellen Informationen direkt (über Cytoplasmabrücken) oder über membranständige Moleküle austauschen, die nach dem Schlüssel-Schloß-Prinzip miteinander in Verbindung treten, spricht man von juxtakriner Kommunikation. Dies ist in der Regel ein bilateraler Dialog (Bild 4). Wenn Zellen in ihre unmittelbare Umgebung lösliche Botenstoffe ausschütten, die über kurze Diffusionsstrecken hinweg zu passenden Rezeptoren auf benachbarten Zellen gelangen, spricht man von parakriner Kommunikation. (Ein Schema dieser und weiterer hier besprochener Kommunikationsformen zeigt Bild 1 im nachfolgenden Artikel von Solomon Snyder). Beeinflussen derartige sezernierte Faktoren auch die Ursprungszelle selbst, indem sie etwa eine Erhöhung ihrer Rezeptordichte bewirken, handelt es sich um eine autokrine Kommunikation beziehungsweise Stimulation. Von neurokriner Stimulation oder Hemmung spricht man, wenn Neurotransmitter (Neuropeptide) von Nervenzellen aus über kurze Strecken hinweg zu immunkompetenten Zellen diffundieren und diese in ihrer Aktivität beeinflussen (Bild 2). Sind schließlich echte Hormone, die ihre Zielzellen im Regelfall über die Blutbahn erreichen, für die Aktivierung lymphoider oder anderer Zellen verantwortlich, hat man es mit einer endokrinen Stimulation zu tun.

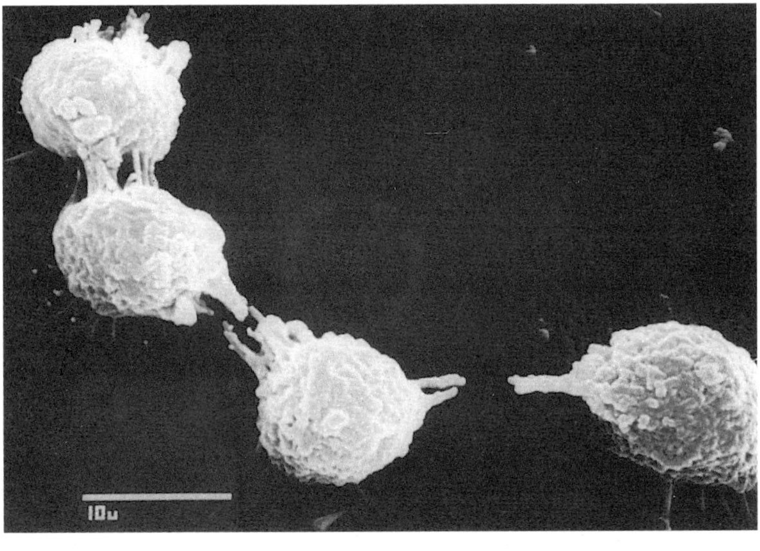

Bild 4 Zellen können sich auf vielen Wegen miteinander verständigen, auf Distanz, aber auch sehr direkt. Diese rasterelektronenmikroskopische Aufnahme zeigt Tumorzellen des Menschen, die über Membran- oder Cytoplasmabrücken miteinander in Kontakt stehen. (Zumindest links sind die Brücken noch deutlich erhalten.) Es liegt nahe, solche Verbindungen als „Kommunikationspipelines" zu interpretieren, über die schnell, effizient und zellspezifisch Signalstoffe ausgetauscht werden, die bestimmte biologische Funktionen steuern. Man bezeichnet diese direkteste Form des zellulären Dialogs als juxtakrine Kommunikation. Der Balken links unten im Bild entspricht zehn Mikrometern. Die Aufnahme stammt vom Autor.

Bild 5 veranschaulicht den zellulären Dialog an einem „echten" Beispiel – der Wechselwirkung zweier Lymphocyten untereinander und mit einer Tumorzelle (vergleiche auch die Bilderserie auf den Seiten 13 bis 17). Mit Hilfe der Videomikroskopie konnte diese Art der Interaktion, der im Körper gewiß eine wichtige Rolle zukommt (bei der Abwehr von Krebs), erstmals filmisch festgehalten werden. Was genau die dabei beobachteten gezielten Wanderbewegungen der Lymphocyten steuert, ist derzeit Gegenstand intensiver Untersuchungen (Bild 6).

Wie nicht anders zu erwarten ist, kann die Natur von den oben beschriebenen Grundformen der Kommunikation abweichen. So können physiologische oder pharmakologisch aktivierte Spaltprozesse ursprünglich membranständige Kommunikationsmoleküle löslich machen, so daß Fragmente oder das gesamte Molekül nun in parakriner Weise kommunikativ wirken. Die Entwicklung neuer Therapiestrategien mit isolierten oder gentechnisch

Bild 5 Mit Hilfe der Technik der Videomikroskopie konnte erstmals gefilmt werden, wie Lymphocyten sich auf eine Tumorzelle zubewegen und ihren Dialog untereinander aufnehmen – mit der „Entscheidung", die entartete Zelle zu schädigen. Einige markante Stadien des Ablaufs sind hier in Einzelbildern (von A bis W) festgehalten. Die Aufnahmen stammen vom Autor. Die große Zelle etwa in der Mitte jedes Bildes ist die Tumorzelle. Ihr nähert sich zunächst von links oben ein Lymphocyt (A – C), der schließlich (D) mit der Zellmembran der Tumorzelle engen Kontakt aufnimmt (juxtakrine Kommunikation). Dieser Lymphocyt behält in der gesamten Sequenz seine kugelförmige Gestalt bei und darf aufgrund der Art seiner Aktivität wohl als T-Helferzelle bezeichnet werden. Zeitverzögert nähert sich (von rechts oben) ein zweiter Lymphocyt (B – D) und tritt sowohl mit dem bereits „seßhaften" Lymphocyten als auch mit der Tumorzelle abwechselnd in Kontakt (E – I). Dabei verformt er seinen Zelleib amöboid, nimmt eine längliche Gestalt an und streckt antennenartige Pseudopodien aus (G – L). Dieser Lymphocyt kann aufgrund seines weiteren biologischen Verhaltens als cytotoxische T-Zelle oder „Killerzelle" angesprochen werden. Durch die laufende Gestaltveränderung und Pseudopodienbildung vergrößert er seine Zelloberfläche. Man darf annehmen, daß dadurch auch die Anzahl bestimmter Rezeptormoleküle (zum Beispiel der Interleukin-2- oder der spezifischen T-Zell-Rezeptoren) zunimmt – alles in allem ein unverkennbarer Ausdruck gesteigerter Aktivität. Die Formveränderung der Killerzelle erreicht ein Maximum, wenn sich an der Tumorzelle (etwa in Zwei-Uhr-Position) ein Membrandefekt zeigt, durch den diese cytoplasmatischen Inhalt ausstößt (M – P). Anschließend löst sich zuerst die T-Helferzelle von der geschädigten Tumorzelle und bewegt sich aktiv von ihr weg (Q – U). Wenig später folgt ihr die Killerzelle, die allmählich auch wieder ihre anfängliche kugelförmige Gestalt annimmt (R – W). Betrachtet man die Tumorzellmembran vor und nach der zellulären Attacke, so fällt auf, daß ihre Konturen am Ende unruhig und unscharf geworden sind (P – W). Da die Zelle darüber hinaus, wie weitere Beobachtungen zeigen, ihre Bodenhaftung aufgegeben hat und im Nährmedium zu schwimmen beginnt, darf man vermuten, daß sie tödlich geschädigt worden ist.

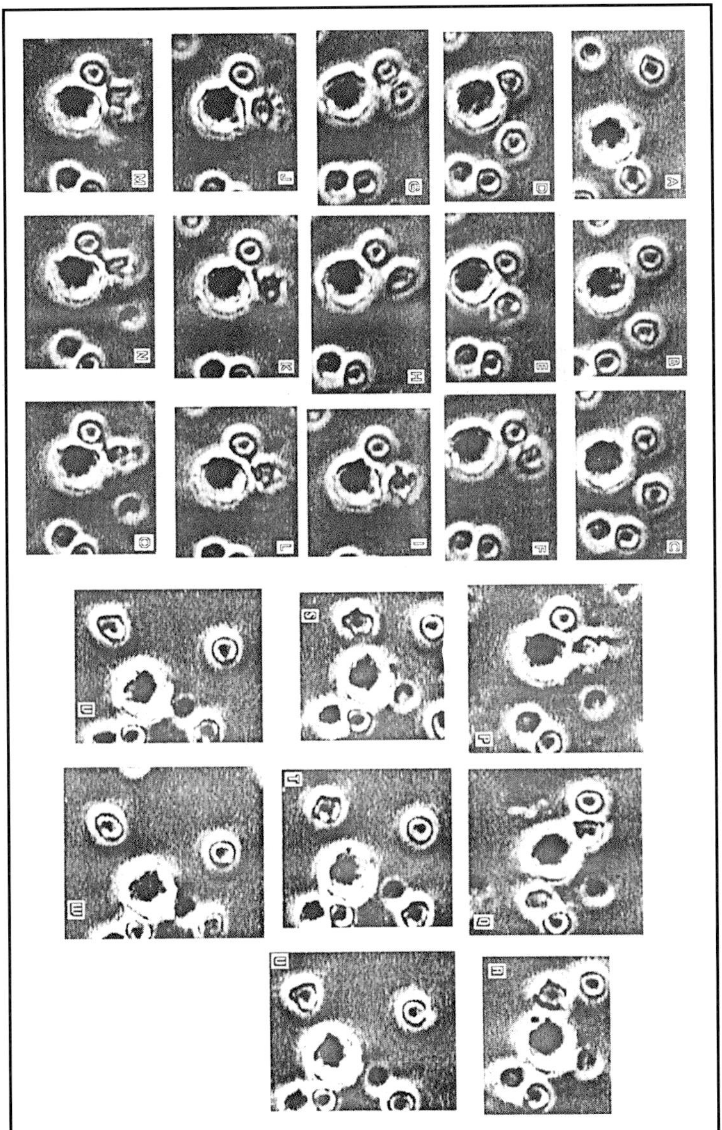

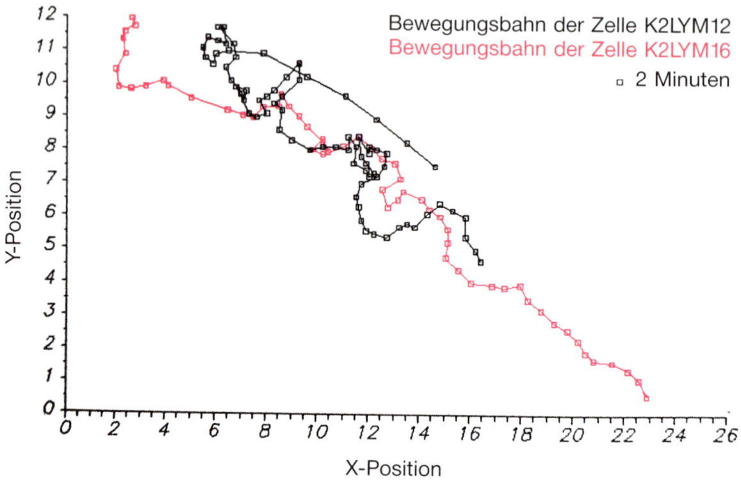

Bild 6 Wenn Lymphocyten aktiviert werden – sei es in ihren Ursprungsorganen durch neuronale Botenstoffe (Bild 2) oder im Zuge der Immunabwehr durch Signalsubstanzen von anderen Immunzellen (Bild 5) –, so kann sich dies in einer Zunahme der Zellbeweglichkeit ausdrücken. Das Bewegungsverhalten von peripheren Lymphocyten läßt sich experimentell analysieren. So kann man eine Fraktion von Lymphocyten identifizieren, die sich sehr gerichtet (direktional) auf ein Ziel, zum Beispiel eine Tumorzelle, oder innerhalb eines Wärmegradienten auf die höheren Temperaturen zubewegen (hier beispielhaft durch die rote Bahn gekennzeichnet). Es gibt aber auch Lymphocyten, die sich eher zufällig bewegen (*random walk*) und denen man augenscheinlich keine Zielgerichtetheit zuschreiben kann (schwarze Bahn). Beide Bewegungsarten lassen sich als biologisch sinnvoll interpretieren. Wie sich in entsprechenden Experimenten zeigt, üben Boten- und Signalstoffe deutliche Einflüsse auf das Migrations- oder Wanderverhalten der Lymphocyten aus. Gamma-Interferon zum Beispiel erhöht die Wandergeschwindigkeit und die Direktionalität, während Alpha-Interferon – bei unwesentlich erhöhter Wandergeschwindigkeit – das nichtzielgerichtete Bewegungsverhalten deutlich fördert.

hergestellten Signal- und Botenstoffen muß berücksichtigen, wo und unter welchen (patho-)physiologischen Bedingungen derartige Moleküle vorkommen, um daraus das klinisch erwünschte Wirkprofil ableiten zu können. Wie klinische Erfahrungen lehren, ist zum Beispiel eine systemische Verabreichung von parakrinen Substanzen (Interleukin 2, Interferon) bei Tumorpatienten mit erheblichen Nebenwirkungen verbunden; ein unbestreitbarer therapeutischer Nutzen läßt sich, wenn überhaupt, nur mit einem medizinischen Aufwand erreichen, den lediglich wenige Zentren leisten können. Wissenschaftler und Ärzte sind sich im klaren darüber, daß sie mit derartigen Substanzen in ein selbstregulierendes Netzwerk eingreifen, von dem wir erst wenige Stellglieder (Knotenpunkte) kennen. Da die Dosis-Antwort-Kurven, wie schon erwähnt, höchstens über einen eng begrenzten Bereich linear sein dürften, geht es am Ende wohl wieder darum, individuelle Dosierungen und Anwendungswege zu finden, um eine biologisch optimierte und wirkungsvolle Therapiestrategie zu entwickeln.

An dieser Stelle sei eine etwas allgemeinere Anmerkung zum Fortschritt in der Medizin erlaubt. Neue Prinzipien der Krebsbekämpfung wie die maßgeblich von Steven A. Rosenberg vom National Cancer Institute der USA in Bethesda, Maryland, entwickelte Interleukin-2-Therapie, die zu sogenannten LAK-Zellen (lymphokinaktivierten Killerzellen) führt (siehe die Beiträge von Rosenberg und Kendall Smith in diesem Band), haben viel Hoffnung geweckt. Wie so oft in der Wissenschaft ist aber einer anfänglichen Euphorie eine sachliche Nüchternheit gefolgt. Erst weitere Forschungsergebnisse sowie klinische (Miß-)Erfolge werden zeigen, wie sich molekulare Befunde sinnvoll in klinisch-therapeutische Denkansätze einbringen lassen, um in der täglichen klinischen Wirklichkeit zur Heilung oder Linderung von Leiden beizutragen. Das Beispiel Interleukin 2 verdeutlicht – an einem zentralen Informationsmolekül des Immunsystems – einen nicht zuletzt wissenschaftsgeschichtlich interessanten Wandel von Therapieansätzen. Die derzeit weltweit zu registrierende deutliche Zurückhaltung hinsichtlich des klinischen Einsatzes dieses Botenstoffes (zum Beispiel in der Onkologie) bedeutet nicht, daß vorher veröffentlichte Befunde etwa beschönigt oder gar falsch waren; sie entsprachen letztlich nur nicht hinreichend den Erwartungen in der klinischen Anwendung. So war und ist es nur konsequent, wenn man mit neuen Fragestellungen zu solchen Substanzen wie Interleukin 2 wieder zurück in die experimentelle Forschung geht.

Gefühle, ihre Verarbeitung und das Immunsystem

Der kanadische Mediziner Sir William Osler (1849–1919), einer der bedeutendsten Kliniker seiner Zeit, pflegte zu seinen Studenten zu sagen: „Zeigen sie mir, was im Kopf eines Patienten vor sich geht, und ich sage ihnen, wie der Verlauf seiner Tuberkulose sein wird.“ Immer wieder berichten erfahrene Ärzte anamnestisch, daß mangelnder Ausdruck von oder falscher Umgang mit Gefühlen den Verlauf einer Erkrankung beeinflußt. In der medizinisch-psychologischen Literatur finden sich zahlreiche Berichte über Fälle, in denen Krankheitsbildern beim Menschen tiefgreifende Störungen emotionaler Art vorausgegangen sind. So gibt es seit den siebziger Jahren aus der Arbeitsgruppe um Steve Greer vom Royal Marsden

Hospital in Surrey (England) klare Hinweise auf einen Zusammenhang zwischen Krebserkrankungen und bestimmten Gefühlszuständen: Bei vielen Frauen, die sich wegen des Verdachts bösartigen Wachstums in der Brust einer Biopsie unterziehen mußten, beobachteten die Forscher ein bestimmtes gemeinsames Verhaltensmuster – nämlich die Neigung, Ärger zu unterdrücken.

Faßt man die verschiedenen zu diesem Thema veröffentlichten Ergebnisse anekdotisch zusammen, so kristallisieren sich drei besonders wichtige Störungen der Gefühlswelt heraus: erstens das Erlebnis des schmerzlichen Verlusts nahestehender Personen durch Tod oder Trennung, zweitens Frustrationen aufgrund unbefriedigender Lebenssituationen oder nicht erreichter Lebensziele und drittens die Ausprägung einer spezifischen Persönlichkeitsstruktur mit der Tendenz, Angst, Verzweiflung, Hoffnungslosigkeit und depressive Trauer immer stärker nach innen zu wenden (gewissermaßen „in sich hineinzufressen") – vor allem in Situationen, die als besonders streßgeprägt empfunden werden.

Streß ist ein vielschichtiges Phänomen, und das, was wir im Alltag darunter verstehen, stimmt nur bedingt mit der medizinisch-biologischen Definition des Begriffs überein. Das große Verdienst, Streß als Gegenstand wissenschaftlicher Forschung etabliert zu haben, kommt dem österreichisch-kanadischen Mediziner Hans Selye (1907–1982) zu. In Lehrbüchern wird Streß heute als „nichtspezifische Antwort eines Organismus auf beliebige Reize hin" definiert. Es handelt sich also nicht um einen Zustand, sondern um einen Prozeß der Anpassung, der sich übrigens so lange auch selbst beeinflußt, wie der Reiz oder Stimulus, in der Fachsprache Stressor genannt, auf den Organismus ein- und nachwirkt. Insofern kann man Streß auch als ein von Psyche und Körper gemeinsam genutztes Werkzeug ansehen, das dazu dient, mit Stressoren zum Vorteil des Individuums umzugehen. Streß als solcher ist zunächst einmal weder gut noch schlecht für das Leben eines Individuums. Wie er von Psyche (Emotionen) und Körper eingesetzt wird, hängt von der jeweiligen Fähigkeit des Organismus ab, diese Einheiten zu integrieren; daraus wiederum ergibt sich die biologische Wertigkeit von Streß in dem Kontinuum von Krankheit und Gesundheit. Wegen der fließenden Grenzen zwischen Krank-Sein und Gesund-Sein kann Streß beim Menschen fördernde wie auch hemmende Wirkungen entfalten.

Das Bindeglied zwischen Emotionen und ihrer Verarbeitung als mögliche Stressoren und dem Immunsystem bilden kognitive Prozesse im Gehirn; besonders bedeutsam ist hier die Veränderung des Aktivitätszustands des limbischen Systems. Dieses System sowie der Hypothalamus und die Hirnanhangdrüse oder Hypophyse stellen gemeinsam eine wichtige Modulationsachse dar. Die Hypophyse steuert als endokrines Leitorgan die Dynamik der Hormonaktivitäten, und Hormone wiederum sind für immunkompetente Zellen, die entsprechende Rezeptoren aufweisen, Träger von Aktivierungs- (wie etwa im Falle von Insulin) oder von Suppressionssignalen (Cortisol).

Wir verstehen heute im Prinzip – wenn auch noch nicht im Detail –, mit welchen Worten der zelluläre Dialog geführt wird: nämlich mit Boten- und Signalstoffen wie Hormonen, Neuro-/Immunopeptiden und Cytokinen. Diesen Dialog auch in seiner Grammatik (seiner Vernetzung) und seiner Semantik (seiner biologischen Wertigkeit und Funktionalität) zu verstehen, wird immer mehr zu einem wichtigen Ziel experimenteller und klinisch-immunologischer Forschung. Daß dabei systemverknüpfende Denkansätze monokausalen überlegen sind, zeigen nicht zuletzt einige in jüngster Zeit gewonnene Erkenntnisse zu Chaos und Ordnung in der Medizin. (Erwähnt sei hier nur der Artikel *Chaos und Ordnung. Dynamische Systeme in der Medizin* von R. Gross im *Deutschen Ärzteblatt* 88 (1991) S. 1505–1510.)

Unser ständig wachsendes Wissen über die wechselseitigen Abhängigkeiten zwischen Gefühlen, Gefühlsverarbeitung, neurochemischen Prozessen und immunologischen Vorgängen läßt den angesprochenen Paradigmawechsel – weg vom monokausalen, rein organbezogenen Denken, hin zum vernetzenden Denken auf vielen Ebenen – auch für die Entwicklung neuer Therapiestrategien als dringend geboten erscheinen. Neben den medizinisch-physiologisch begründeten Erkenntnissen werden dabei auch solche aus anderen Disziplinen wie Psychologie, Soziologie, Epidemiologie, Verhaltensforschung, Ethik und Kunst in die Behandlungskonzepte einfließen müssen.

Prägung und Entwicklung einer neuen Wissenschaftsdisziplin

Die Psychoneuroimmunologie hat viele Wurzeln. Eine ist die von Neuroanatomen gewonnene Erkenntnis, daß bestimmte Strukturen des zentralen und des peripheren Nervensystems Boten- und Signalstoffe produzieren, die nach ihrer Freisetzung den Zell-Zell-Dialog im Körper so fördern, daß der Organismus entsprechend der jeweils subjektiv empfundenen Situation reagiert. Wissenschaftler einer anderen Disziplin, der zellulären Immunologie, konnten zeigen, daß immunkompetente Zellen oftmals gleiche oder ähnliche Signalsubstanzen bilden wie Nervenzellen und daß die beiden Zelltypen somit adäquate Gesprächspartner darstellen. Angesichts dieser Belege für die Verknüpfung von Nerven- und Immunsystem war und ist es nur konsequent, daß die experimentelle und klinische Psychologie sowie die Verhaltensforschung nach Methoden suchten, ihre Erkenntnisansätze und ihr empirisches Wissen in ein neuroimmunologisches Netzwerk einzubringen und dieses damit um neue Knotenpunkte zu erweitern. Mit der erfolgreichen Einbindung wandelte sich der wissenschaftliche Dialog in einen Trialog, die Psycho-Neuro-Immunologie, um.

Das Verdienst, die Schnittstelle dreier vermeintlich unabhängiger Systeme wissenschaftlich angesprochen und den Begriff Psychoneuroimmunologie geprägt zu haben, gebührt dem Psychologen Robert Ader vom Department of Psychiatry der Universität von Rochester im US-Bundesstaat New York. Er erkannte die weiterreichenden Perspektiven verschiedener grundlegender neuroendokrinologischer und neuroimmunologischer Erkenntnisse – vor allem aus den Arbeitsgruppen von Hugo O. Besedovsky und E. Sorkin (Kantonsspital Basel, Abteilung Neurobiologie), Branislav D. Jankovic und Branislav M. Markovic (Immunologisches Forschungszentrum Belgrad) sowie Novera H. Spector (National Institute of Health, Bethesda, Maryland, USA). Aders Arbeitsgruppe, die Mitte der siebziger Jahre durch den Immunologen Nicholas Cohen erweitert wurde, beschäftigte sich schon früh mit Konditionierungsexperimenten zur Immunsuppression – und erbrachte erste Belege für den damals noch unvorstellbaren Zusammenhang zwischen dem Zentralnervensystem und dem Immunsystem. In einem jener Experimente, das man wissenschaftsgeschichtlich durchaus als historisch bezeichnen kann, verwendeten die Forscher als konditionierten (bedingten) Reiz eine Saccharinlösung und als unkonditionierten (unbedingten) Reiz die immunsuppressiv wirkende Substanz Cyclophosphamid. Das Cyclophosphamid wurde den Versuchstieren (Ratten) jeweils kurz nach Gabe der Zuckerlösung injiziert. Drei Tage nach Abschluß der Konditionierungsphase (also der Kopplung beider Stimuli) spritzten die Wissenschaftler den Ratten ein Antigen (eine körperfremde Substanz, die eine Immunreaktion auslöst). Eine Rattengruppe bekam dann erneut die Saccharinlösung – ohne Cyclophosphamid. Die Tiere aus dieser Gruppe entwickelten einen geringeren Antikörpertiter in Reaktion auf die Antigengabe als die Vertreter verschiedener Kontrollgruppen.

Dieser Konditionierungsversuch, dessen Ergebnisse später von anderen Arbeitsgruppen bestätigt wurden, zeigt, daß der immunsuppressive Effekt von Cyclophosphamid schließlich durch die alleinige Gabe der Saccharinlösung aufrechterhalten werden kann. Die Ausbildung des geringeren Antikörpertiters muß in einer vom Cyclophosphamid unabhängigen Weise erfolgen. Offenbar hat sich im Organismus ein Engramm „Saccharin gleich Immunsuppression" herausgebildet.

Konditionierungsprozesse dieser Art sind Gegenstand intensiver Forschung in der Verhaltensphysiologie und in der physiologischen Psychologie. Im klinischen Sektor spielen sie gerade für Krebspatienten eine große Rolle. Bei diesen Personen stellen sich oft schon Übelkeit und Brechreiz ein, wenn sie das Krankenhaus betreten und ihnen plötzlich bewußt wird, welch leidvolle Zeit sie dort verbracht haben. Einen ähnlichen Konditionierungseffekt kann man beobachten, wenn Tumorpatienten die Farbe der Cytostatikalösung sehen, die ihnen erhebliche Nebenwirkungen bereitet hat.

Mit der Entwicklung quantitativ zuverlässiger Methoden in der Immunologie haben immer mehr klinische Studien, in denen es um den Einfluß von Stressoren auf das Immunsystem ging, ausgewählte Immunparameter mit einbezogen. Ohne die zweifellos vorhandenen Schwachpunkte derartiger Studien zu unterschätzen, läßt sich aus ihnen doch ableiten, daß einzelne Immunparameter durch Stressoren nachdrücklich beeinflußbar sind. So konnte man zum Beispiel bei Studenten unter Prüfungsstreß nachweisen, daß die peripheren Lymphocyten in solchen Phasen schwächer auf Mitogene (aktivierende, teilungsfördernde Substanzen) ansprechen. In prüfungsfreien Zeiten normalisiert sich dieser Parameter schnell wieder. Solche und ähnlich gelagerte Untersuchungen sind vor allem von Janice K. Kiecolt-Glaser vom Department of Medical Microbiology and Immunology der Ohio State University in Columbus durchgeführt worden.

Anfang der achtziger Jahre verlagerte sich mit veränderten Fragestellungen auch die Art der Studien. Man bemühte sich nun verstärkt, Emotionen quantitativ zu erfassen und ihren Einfluß auf den Verlauf von Krankheiten zu bestimmen. Krebserkrankungen und die Auseinandersetzung damit standen oft im Mittelpunkt dieser Untersuchungen. Bernie H. Fox vom Boston University Medical Center in Boston (Massachusetts) beschäftigte sich vor allem mit epidemiologischen Aspekten von Streß, Altern, Immunsystem und Krebs. Zu der heftig umstrittenen Frage, inwieweit negative Emotionen wie Angst, Ärger, Depression, Hoffnungslosigkeit und Hilflosigkeit den Verlauf einer Krebserkrankung beeinflussen, legten im angelsächsischen Raum insbesondere die Arbeitsgruppen um Steven J. Schleifer von der University of Medicine and Dentistry of New Jersey in Newark (USA), R. W. Bartop vom Royal North Shore Hospital St. Leonards in New South Wales (Australien) und wiederum Steve Greer Daten vor. Danach hatten Tumorpatienten, die fähig waren, ihre negativen Emotionen zu artikulieren, längere Überlebenszeiten. In der englischsprachigen Literatur bürgerte sich für diese Fähigkeit und eine allgemein eher „kämpferische“ Einstellung zu der Krankheit der Begriff „fighting spirit“ ein. (In anderen Sprachräumen setzten sich derartige Untersuchungsansätze und Begriffe erst zögerlich durch.) Patientinnen mit einem solchen „fighting spirit“, die eine Tumorangst verneinten und in der Lage waren, Alltagsprobleme und Depressionen zu meistern, hatten gerade bei Brustkrebs eine deutlich bessere Prognose.

Meine von der Fritz-Bender-Stiftung geförderte Arbeitsgruppe an der Universität Witten/Herdecke konnte in prospektiven (vorausschauenden)

Einzelfallstudien zeigen, daß bei Tumorpatienten mit relativ stabilem Krankheitsbild, die den Verlust eines nahen Angehörigen zu beklagen hatten, die Erkrankung nach diesem Ereignis schneller voranschritt, wenn sie den Verlust nicht mental ausgleichen konnten und infolgedessen in schwere Depressionen verfielen. Interessanterweise ließ sich über einen Zeitraum von etwa sechs Monaten nach dem Verlusterlebnis eine Senkung in der Aktivität der natürlichen Killerzellen, einer wichtigen Gruppe cytotoxischer Lymphocyten, feststellen. Die Anzahl dieser Zellen in der Blutbahn war dagegen – verglichen mit den Werten vor dem einschneidenden Ereignis – nicht signifikant verändert. Ebenfalls über sechs Monate hinweg registrierten wir eine deutliche Abnahme der Zahl der Interleukin-2-Rezeptoren auf den peripheren Lymphocyten. Alles in allem scheint in Phasen schwerer Depression die cytotoxische Aktivität peripherer Lymphocyten erheblich vermindert zu sein.

In einer weiteren prospektiven Studie an 50 Krebspatienten fanden wir Belege dafür, daß eine mangelnde Fähigkeit, insbesondere negative Emotionen auszudrücken, nicht nur bestimmte Immunparameter nachhaltig verändert, sondern auch die Aktivität von Neuropeptiden (ACTH und Beta-Endorphin) beeinflußt (Bild 7). Inwieweit sich solche Veränderungen in statistisch gesicherter Weise mit dem Krankheitsbild korrelieren lassen, muß die weitere (prospektive) Auswertung dieser und anderer Studien klären.

Von der Arbeitsgruppe um David Spiegel vom Department of Psychiatry and Behavioral Sciences der Stanford University (Kalifornien) ist kürzlich dokumentiert worden, welch positive Wirkung psychosoziale Maßnahmen (man spricht auch von psychosozialer „Intervention") auf die Überlebensrate und mittlere Überlebenszeit von Brustkrebspatientinnen mit fortgeschrittenem Krankheitsbild haben können. Eine Gruppe von Patientinnen traf sich ein Jahr lang jede Woche zu strukturierten Gesprächen, die ihnen helfen sollten, mit Krebs leben zu lernen. Es ist hier wichtig zu betonen, daß bei den Teilnehmerinnen zu keinem Zeitpunkt die Absicht bestand, hier eine Gruppentherapie durchzuführen, die den Krankheitsverlauf beeinflussen sollte. Eine Kontrollgruppe erhielt die konventionelle onkologische Therapie. Die Patientinnen beider Gruppen wurden über zehn Jahre hinweg beobachtet. Wie sich zeigte, lag die mittlere Überlebenszeit in der Interventionsgruppe letztlich doppelt so hoch wie in der Kontrollgruppe. Allerdings war ein statistisch faßbarer Unterschied in der Überlebensrate zwischen den beiden Gruppen erst etwa zwanzig Monate nach Beginn der Studie zu erkennen. Diese und viele ähnliche Untersuchungen belegen nachdrücklich, wie notwendig in der Onkologie soziale und mentale Hilfestellungen sind – insbesondere für Patient(inn)en, die zusätzlich unter den Stressoren Angst, Depression sowie Schmerz leiden. Solche Maßnahmen erweisen sich geradezu als unverzichtbar, wenn man die Lebensqualität der Erkrankten verbessern und eventuell auch ihre Überlebenszeit verlängern will. Es kommt außerdem darauf an, früh zu handeln, denn wie die Studie von Spiegel und seinen Kollegen ebenfalls zeigte, stellt sich die positive Antwort zeitlich verzögert ein.

Für viele kritische Wissenschaftler liegen solche Ergebnisse noch im Bereich der Spekulation. Methodisch werden vor allem die Patientenauswahl und die Vergleichbarkeit der Krankheitsstadien als Kritikpunkte genannt. Je besser es aber in zukünftigen Studien gelingen wird, sinnvolle neuroendokrinologische und immunologische Parameter in einem naturwissenschaftlich erklärbaren Netzwerk plausibel mit psychologischen Variablen zu verknüpfen, desto eher wird man anerkennen müssen, daß Interventionen im geistig-seelischen Bereich, im Feld der Gefühle, der Gefühlsverarbeitung und der Gefühlsäußerung gleichberechtigt neben den traditionellen somatischen Maßnahmen stehen sollten. Nur aus der Integration beider werden sich für viele, insbesondere für chronische Krankheiten neuartige Theraphieansätze ergeben.

Psychoneuroimmunologie – ein Ausblick

Die neue Wissenschaft der Psychoneuroimmunologie ist notwendigerweise interdisziplinär. Ergebnisse aus vielen Forschungsfeldern fließen hier zusammen, und dieser faszinierende Prozeß mag letztlich unser medizinisches Weltbild – oder gar unser Bild vom Menschen – revolutionieren. Welche Beiträge sind in den nächsten Jahren oder Jahrzehnten von den einzelnen Fachdisziplinen zu erwarten?

Neuroanatomen werden immer detailliertere Bilder der Cytoarchitektur des Gehirns liefern. Neurophysiologen und Biochemiker werden die molekularen Mechanismen aufklären, die der funktionellen Komplexität des Gehirns zugrunde liegen, und verhaltensphysiologische Korrelate ableiten. Die endokrinologische Forschung wird uns immer deutlicher zeigen, daß Verhalten und Emotionen sowie deren Äußerung oder Unterdrückung ihren biochemischen Ausdruck in subtil geregelten Hormon- und Neuro-/Immunopeptidkonzentrationen in verschiedenen Organen finden. Immunologen werden nicht nur das Kommunikationsnetzwerk des Immunsystems mit seinen zahlreichen Typen von Zellen und Botenstoffen weiter entschlüsseln, sondern auch nachweisen, daß Cytokine und Lymphokine darüber hinaus als Dialogpartner vieler anderer Zellen in verschiedenen Organen in Aktion treten. Die Psychologie wird – unter anderem – auf dem Gebiet der Persönlichkeitsforschung und der abfragbaren Skalierung von negativen und positiven Emotionen Fortschritte machen. Subtil verfeinerte

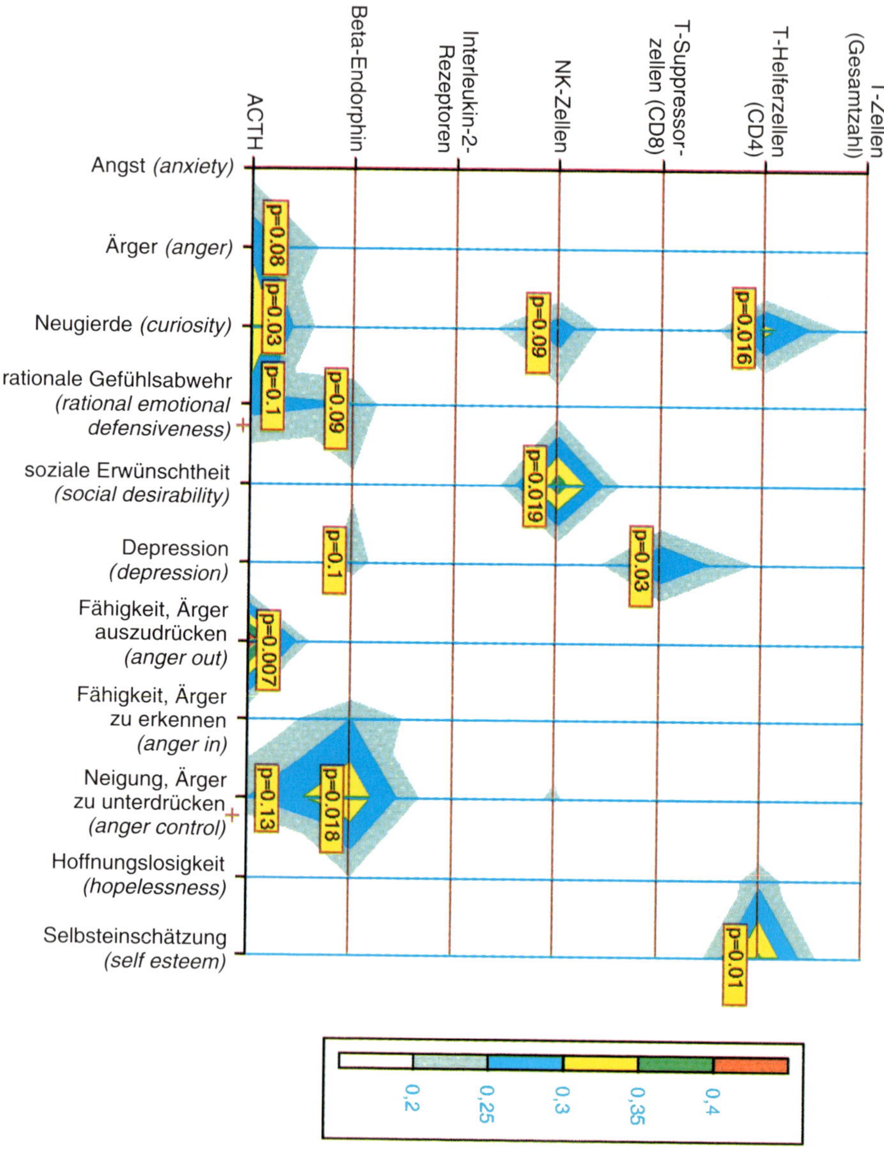
ACTH
Beta-Endorphin
Interleukin-2-Rezeptoren
NK-Zellen
T-Suppressor-zellen (CD8)
T-Helferzellen (CD4)
T-Zellen (Gesamtzahl)
Angst (anxiety)
Ärger (anger)
Neugierde (curiosity)
rationale Gefühlsabwehr (rational emotional defensiveness)
soziale Erwünschtheit (social desirability)
Depression (depression)
Fähigkeit, Ärger auszudrücken (anger out)
Fähigkeit, Ärger zu erkennen (anger in)
Neigung, Ärger zu unterdrücken (anger control)
Hoffnungslosigkeit (hopelessness)
Selbsteinschätzung (self esteem)
p=0.08
p=0.03
p=0.1
p=0.09
p=0.016
p=0.09
p=0.019
p=0.1
p=0.03
p=0.007
p=0.13
p=0.018
p=0.01
0,2
0,25
0,3
0,35
0,4

Bild 7 Diese Gitterdarstellung zeigt, wie einige ausgewählte Variablen des Immun- und des neuroendokrinen Systems (obere Skala) mit bestimmten psychologischen Parametern (linke Skala) zusammenhängen. Die Darstellung ist das Ergebnis einer Studie an 50 Krebspatienten, die der Autor und seine Mitarbeiter von der Universität Witten/Herdecke durchgeführt haben. (Bei den gewählten psychologischen Merkmalen handelt es sich ausschließlich um emotionale Grundzustände, sogenannte „Traits", die mit speziellen Fragebögen erfaßbar sind.) Die farbigen Strukturen an den Schnittpunkten zweier Parameter – man kann sie sich als Aufsichten auf „Gipfel" vorstellen, die aus der Gitterebene herausragen – verdeutlichen jeweils, wie stark die Beziehung (Korrelation) ist; dabei gibt die innerste Farbe den entsprechenden Korrelationskoeffizienten (gemäß der Skala unten) an. Alle Korrelationen sind negativ, wenn sie nicht ausdrücklich mit + markiert sind. Die Zahlen in den gelb unterlegten Kästen kennzeichnen das Signifikanzniveau. Es sind nur jene Schnittpunkte von zwei Parametern im Gitter belegt, für die Daten mit einem akzeptablen statistischen Signifikanzniveau vorliegen ($p \leq 0,1$). Danach weisen zum Beispiel die Gesamt-T-Zellen im peripheren Blut keine korrelativen Beziehungen zu den psychologischen Variablen auf. Umgekehrt finden wir in dem untersuchten Patientenkollektiv zwischen den psychologischen Parametern „Hoffnungslosigkeit" und „Fähigkeit, Ärger zu erkennen (zu perzipieren)" und den neurochemischen/immunologisch-zellulären Parametern ebenfalls keine statistisch gesicherten Abhängigkeiten.

Wie ist diese Gitterdarstellung nun zu lesen? Nehmen wir als Beispiel die Variable „ACTH", welche die Konzentration des adrenocorticotropen Hormons, eines von der Hypophyse ausgeschütteten Neuropeptids mit vielfältigen Steuerfunktionen, im Blut der untersuchten Personen wiedergibt. (Ein erhöhter ACTH-Spiegel führt zu einer gesteigerten Konzentration des „Streßhormons" Cortisol, und dies wiederum wirkt sich (unter anderem) hemmend auf die Immunabwehr aus.) Die Fähigkeit, Ärger nach außen hin auszuleben und auszudrücken (*anger out*), zeigt eine deutliche negative Korrelation mit dem ACTH-Spiegel. Je stärker dagegen Patienten ihren Ärger „im Zaum halten", ihn also nicht angemessen ausdrücken können (*anger control*), um so höher ist ihr durchschnittlicher ACTH-Spiegel (positive Korrelation). Eine positive Emotion wie Neugierde (*curiosity*) scheint wiederum einen niedrigen ACTH-Spiegel zu vermitteln. Daß eben diese positive Emotion auch mit den T-Helferzellen und den natürlichen Killerzellen (das heißt mit deren Anzahl in Blut) negativ korreliert ist, mag auf den ersten Blick verwunderlich sein. Als Erklärung bietet sich an, daß die Blutbahn nicht unbedingt ein tauglicher Ort ist, um die entsprechenden Charakterisierungen von Lymphocytensubpopulationen vorzunehmen; die Mehrzahl dieser Zellen hält sich in den Ursprungsorganen und in den Geweben auf, und möglicherweise erlauben die „Transitstrecken" keine zuverlässige Messung der immunologisch-biologischen Wertigkeit hinsichtlich der Zellzahlen. Für die Interleukin-2-Rezeptoren (oder, genauer, ihre Anzahl auf peripheren Lymphocyten) sei hier noch eine interessante Beobachtung angeführt. Wie die Abbildung zeigt, läßt dieser Parameter keine statistisch faßbare Korrelation zu den psychologischen Trait-Variablen erkennen. In der „State"-Angst jedoch (der situativen, momentanen Angst) konnten wir ein zunehmendes Angstgefühl mit einem sinkenden IL-2-Rezeptorenbesatz korrelieren (Korrelationskoeffizient: $-0,5$; $p = 0,012$). Ein solcher Befund läßt sich sinnvoll interpretieren: Kurzfristige (in Tagen meßbare) Aktivierungsparameter immunkompetenter Zellen erlauben nur Korrelationen mit ebenfalls kurzfristigen, situativen psychologischen Variablen (States) – zum Beispiel Tagesproblemen oder Angst vor beziehungsweise im Zusammenhang mit dem (Nicht-) Eintreten eines Ereignisses. Sie beeinflussen dagegen kaum oder nicht meßbar psychologische Grundzustände oder Persönlichkeitsmerkmale (Traits).

Insgesamt betrachtet lassen solche Versuche einer korrelativen Vernetzung verschiedener Parameter aus dem neuroendokrinen und dem Immunsystem mit psychologischen Variablen derzeit zweifellos noch mehrere gleichberechtigte Interpretationen zu – dies um so mehr, als die ermittelten Korrelationskoeffizienten in allen Fällen unter 0,5 liegen. Allerdings kann man bei derartigen Analysen auch gar nichts anderes als schwache Beziehungen erwarten. So ist es nicht wahrscheinlich, daß zum Beispiel eine psychologische Variable wie Angst oder Depression stark (etwa mit einem Koeffizienten von über 0,8) mit immunologischen oder neuroendokrinologischen Parametern korreliert, da diese wiederum selbst untereinander abhängig sind. Nur der Blick auf das gesamte Netzwerk mit seinen Knotenpunkten läßt schlüssige Aussagen zur grundsätzlichen psychoneuroimmunologischen Situation eines Individuums zu.

psychologische Fragebögen zur Erfassung von Parametern wie Angst, Ärger, Depression, Glück, Freude und Lebensqualität werden in der Auswertung „härtere" Daten liefern, die hinreichend sichere Korrelationen mit biochemischen, neurobiologischen und immunologischen Ergebnissen ermöglichen sollten (siehe Bild 7). Im klinischen Bereich schließlich werden nicht zuletzt die Anamnese, die Einzelbeobachtung sowie das Verhältnis zwischen Arzt und Patient eine (wieder) zunehmende Bedeutung erlangen; Ziel wird letztlich sein, das individuelle Krankheitsbild vor dem Hintergrund des hier dargestellten multidisziplinären Ansatzes verstehen zu lernen.

Die integrative Wissenschaftsdisziplin Psychoneuroimmunologie bietet die Möglichkeit, zwischen diesen vielen Fachgebieten zu vermitteln. Ihre disziplinübergreifende Ausrichtung sollte letztlich Ergebnisse und Erkenntnisse erbringen, welche über erweiterte und synergistische Therapieansätze dazu beitragen, die Morbidität und Mortalität bei chronischen Erkrankungen zu senken oder solche Krankheiten gar präventiv zu verhindern; ermutigende klinische Ansätze gibt es bereits.

Signalübertragung zwischen Zellen

Zellen kommunizieren mittels chemischer Botenstoffe – direkt, und damit schneller, über Neurotransmitter und indirekt über Hormone. Zwischen beiden Informationssystemen bestehen allerdings fließende Übergänge.

Von Solomon H. Snyder

Ein Einzeller wie die Amöbe vermag sämtliche lebenserhaltenden Funktionen auszuüben. So kann eine solche Zelle Nährstoffe aus ihrer Umgebung aufnehmen, sich fortbewegen und mit Hilfe ihres Stoffwechsels sich mit Energie versorgen und neue zelluläre Moleküle synthetisieren.

In mehrzelligen Organismen hingegen ist die Situation beträchtlich komplexer. Die vielfältigen Aufgaben sind auf zahlreiche verschiedene Zellpopulationen, Gewebe und Organe verteilt, die eventuell weit voneinander entfernt liegen. Um all diese Funktionen zu koordinieren, muß es Mechanismen geben, welche die einzelnen Zellen oder Zellgruppen zur Kommunikation befähigen.

In den meisten höheren Organismen gibt es primär zwei Wege, Signale zwischen Zellen zu übertragen: über das Hormonsystem und über das Nervensystem. Bei beiden Systemen verständigen sich Zellen mit Hilfe von chemischen Botenstoffen. Der Hauptunterschied besteht darin, wie direkt sie Informationen austauschen.

Ein Neuron, eine Nervenzelle, sendet einzelne Signale jeweils an eine spezifische Gruppe von Zielzellen: Muskelzellen, Drüsenzellen oder andere Nervenzellen (Bilder 1 und 2). Es übermittelt seine Botschaft, indem es eine chemische Substanz, Neurotransmitter genannt, an speziellen Stellen, den Synapsen, zur Zielzelle entläßt. Die Moleküle des Neurotransmitters binden sich an Rezeptoren (normalerweise Proteinmoleküle) auf der Oberfläche der nachgeschalteten Zelle und lösen dadurch in ihrer Membran und ihrem Innern chemische Veränderungen aus.

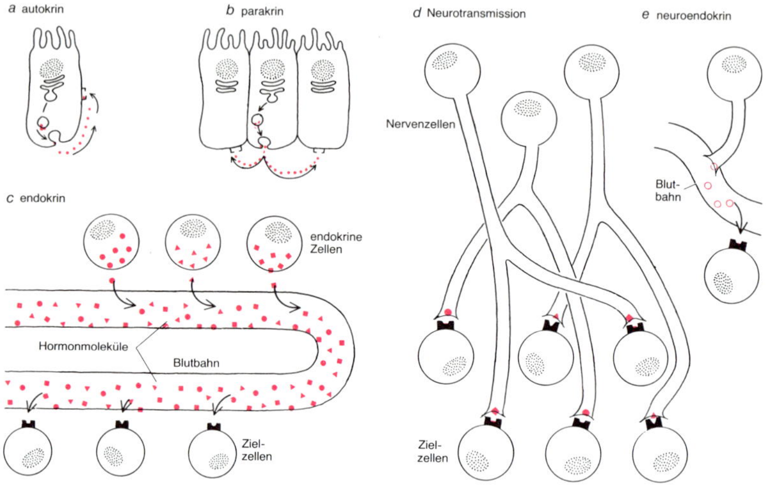

Bild 1 Der Kommunikationsmechanismus des Hormonsystems funktioniert im allgemeinen weniger direkt als der des Nervensystems. Zwar gibt es sogenannte autokrine Hormone (*a*), die auf die Zelle zurückwirken, die sie freigesetzt hat, und sogenannte parakrine Hormone (*b*) – sie wirken auf angrenzende Zellen; doch gehören die meisten Hormone zum endokrinen System, das Zellen oder Organe irgendwo im Körper beeinflußt. Endokrine Drüsen (*c*) schütten Hormonmoleküle in das Blut aus, von wo aus sie in Kontakt mit spezifischen Rezeptoren der Zielzellen gelangen. Der Rezeptor erkennt die für seine Zelle bestimmten Hormone und bindet sie. Nervenzellen (*d*) übermitteln Signale, indem sie Neurotransmitter unmittelbar an der spezifischen Zielzelle (Muskelzelle, Drüsenzelle oder Nervenzelle) freisetzen. Einige dieser Zellen jedoch spielen auch im Hormonsystem eine Rolle: Bei neuroendokrinen Vorgängen (*e*) sezernieren Nervenzellen Substanzen, die als Hormone wirken, direkt ins Blut.

Bild 2 Bei der interzellulären Kommunikation von Neuronen wird das Signal über einen schmalen Spalt an der Synapse, der Schaltstelle zwischen Nervenendigung und Membranregion der nachgeschalteten Zelle, übertragen. Bei der axodendritischen Synapse setzen synaptische Vesikel in der langen Nervenfaser (Axon) eines Neurons einen Neurotransmitter nach außen frei, der die Rezeptoren auf einem Dendriten der benachbarten Nervenzelle besetzt. Diese kurzen Nervenzellfortsätze können auch über dendrodendritische Synapsen eine Botschaft übermitteln. In einer reziproken dendrodendritischen Synapse gibt jeder Dendrit Signale an einen zweiten Dendriten über jeweils eine separate Synapse weiter. Bei den axoaxonischen Synapsen wird eine Botschaft von dem Axon einer Nervenzelle über das Axon einer zweiten an den Dendriten einer dritten Nervenzelle übermittelt. In einer glomerulären Synapse gibt die Nervenendigung Informationen an die Dendriten zweier anderer Neuronen weiter. Diese Dendriten können auch untereinander kommunizieren.

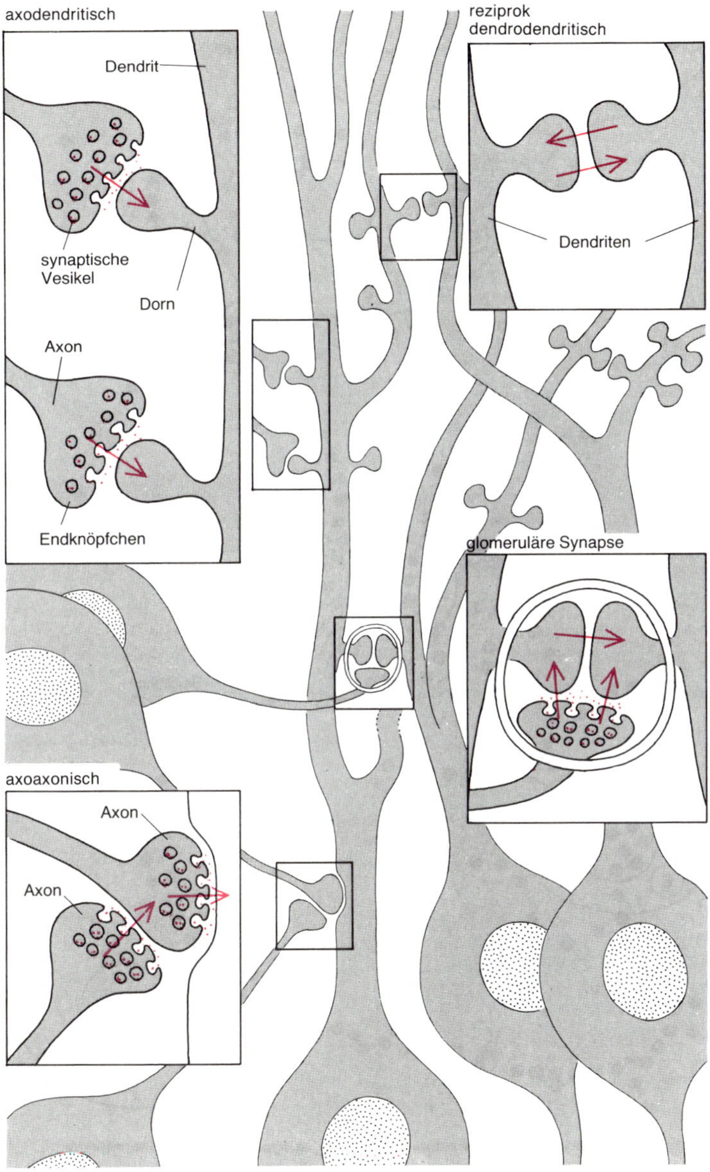
axodendritisch
Dendrit
synaptische Vesikel
Dorn
Axon
Endknöpfchen
reziprok dendrodendritisch
Dendriten
glomeruläre Synapse
axoaxonisch
Axon
Axon

Hormone wirken gewöhnlich weniger direkt (Bild 3). Zwar gibt es die sogenannten autokrinen und parakrinen Mechanismen, bei denen ein Hormon entweder direkt die Zelle beeinflußt, die es freigesetzt hat, oder eine angrenzende Zelle (Bild 1). Doch läuft die übliche Form der hormonellen Kommunikation über das endokrine, also innersekretorische System: Eine Drüse setzt Hormone frei, diese wiederum wirken auf Zellen oder Organe irgendwo im Körper. Endokrine Drüsen haben keinen Ausführgang: Sie geben ihre Hormone an die Blutbahn ab. An jeder Zielzelle sitzen Rezeptoren, die nur die für sie vorgesehenen Hormonmoleküle binden. Sie greifen die Moleküle aus dem Blutstrom heraus und übermitteln das Signal in die Zelle.

Es gibt also bemerkenswerte Unterschiede zwischen neuronaler und hormoneller Kommunikation. Nervenzellen wirken über kurze Distanzen hinweg auf bestimmte Zellen oder Zellgruppen und ermöglichen so eine neuronale Kommunikation innerhalb von wenigen Millisekunden. Im Gegensatz dazu kann ein Hormon, das von einer bestimmten Drüse freigesetzt und mit dem Blutstrom verteilt wird, bei Zellen oder Organen nahezu überall im ganzen Körper Reaktionen auslösen. Mitunter dauert die hormonelle Kommunikation dann Stunden.

Allerdings sind diese beiden Systeme auf molekularer Ebene nicht so verschieden, wie man zunächst annehmen könnte. Beide haben dieselbe Arbeitsweise: Sie lassen spezielle Botenmoleküle in Kontakt mit spezifischen Rezeptoren der Zielzelle treten. Außerdem scheinen bestimmte Neurotransmitter ganz wie Hormone nur spezialisierten Kommunikationssystemen anzugehören und besondere Funktionen auszuüben.

Bild 3 Das endokrine System besteht aus einer Anzahl verschiedener Drüsen und Kontrollzentren. Die endokrinen Drüsen werden alle durch die Hypophyse (Hirnanhangdrüse) kontrolliert; sie ist gewissermaßen eine übergeordnete Steuerzentrale. Sie sondert Hormone ab, die andere Drüsen anregen, ihre eigenen Hormone zu synthetisieren und auszuschütten. Die Hypophyse wiederum wird vom Hypothalamus, einem bestimmten Teil des Zwischenhirns, kontrolliert: Releasing-Faktoren, die vom Hypothalamus freigesetzt werden, steuern die Ausschüttung von Hypophysenhormonen. Die hormonelle Kommunikation kann mitunter Stunden dauern. Wie die eingezeichneten Geschlechtsorgane zeigen, sind hier Mann und Frau in einer Person dargestellt.

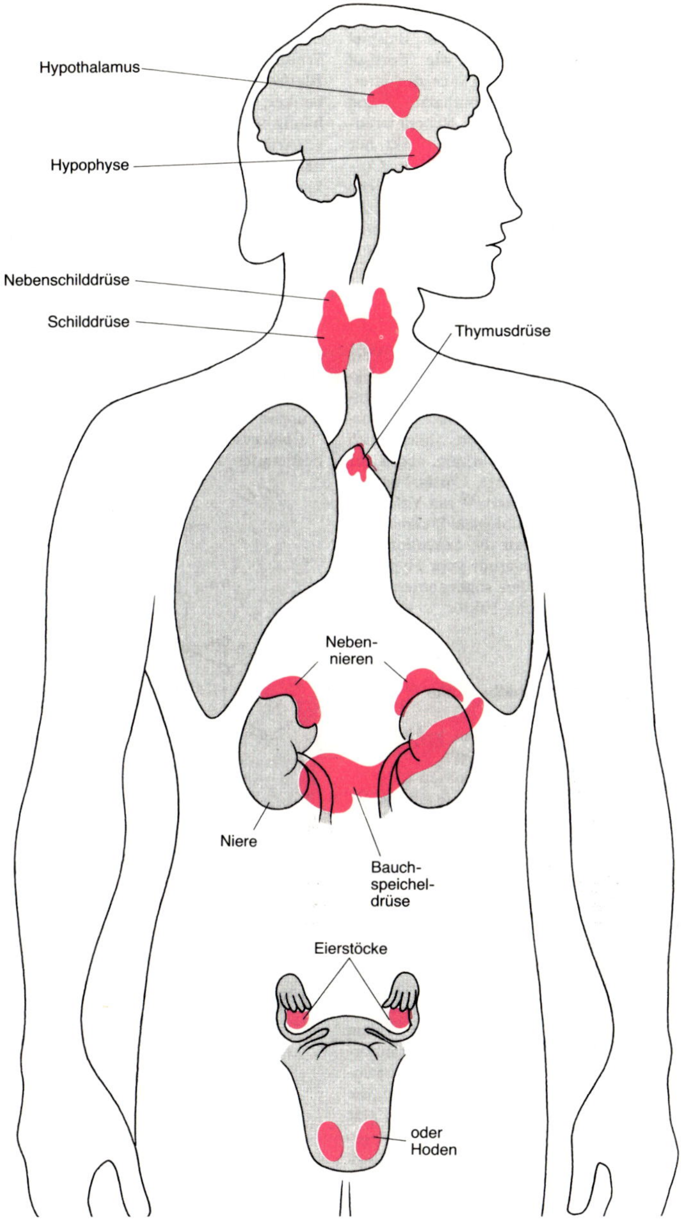
Hypothalamus
Hypophyse
Nebenschilddrüse
Schilddrüse
Thymusdrüse
Neben-
nieren
Niere
Bauch-
speichel-
drüse
Eierstöcke
oder
Hoden

Ein Bote – mehrere Botschaften

Vor kurzem zeigte sich, daß zwischen den beiden Hauptsystemen interzellulärer Kommunikation sogar eine noch engere Beziehung besteht: Viele Botenmoleküle werden gleicherweise in beiden Systemen verwendet. So wird Noradrenalin zum einen als Hormon von der Nebennierenrinde ausgeschüttet; es fördert die Herzkontraktionen, erweitert die Bronchien in der Lunge und stärkt die Kontraktionskraft der Arm- und Beinmuskulatur. Zum anderen ist Noradrenalin aber auch ein Neurotransmitter des sympathischen Nervensystems; in dieser Funktion verengt es die Blutgefäße und erhöht damit den Blutdruck. Ein weiteres Beispiel für einen solchen Botenstoff ist das in Bild 4 wiedergegebene Vasopressin.

Das gleiche Botenmolekül kann also im hormonellen System eine ganz andere Botschaft übertragen als im Nervensystem. Offenbar sind bestimmte Moleküle besonders gute Medien dafür.

Die Steroidhormone

Hormonmoleküle lassen sich im allgemeinen einer von zwei chemischen Stoffklassen zuordnen: den Peptiden oder den Steroiden. Peptide bestehen wie Proteine aus aneinandergeketteten Aminosäuren, sind aber wesentlich kürzer. Die Steroidhormone sind große, vom Cholesterin abgeleitete Moleküle. Ihr Grundkörper besteht – wie beim Cholesterin – aus 17 Kohlenstoffatomen, die zu einem kompakten Viererringsystem miteinander verknüpft sind (Bild 5).

Kleine Unterschiede in den chemischen Gruppen, die an den Kohlenstoffringen hängen, bewirken die unterschiedlichen Funktionen der Hor-

Bild 4 Vasopressinmoleküle übertragen im hormonellen sowie im neuronalen Kommunikationssystem Botschaften zwischen verschiedenen Zellen. Vasopressin wird als Hormon von Zellen im Hinterlappen der Hypophyse (der Hirnanhangdrüse) freigesetzt. Es steigert den Blutdruck durch Verengung der Blutgefäße und hemmt die Harnproduktion, indem es die Fähigkeit der Niere zur Rückresorption von Wasser steigert. Vasopressin ist aber auch ein Neurotransmitter, eine Substanz, die Botschaften von einer Nervenzelle zur anderen überträgt. In dieser Funktion läßt sich Vasopressin im Gehirn nachweisen, wo es vermutlich bei der Gedächtnisbildung eine Rolle spielt. In der vorliegenden Abbildung der Tripos Associates in St. Louis bedeuten die durchgehenden Linien Bindungen zwischen Atomen. Die gepunkteten Areale kennzeichnen die Moleküloberflächen. Die Farbe der Bindungen und Punkte zeigt, welche Atome in den einzelnen Regionen vorkommen: Weiß steht für Kohlenstoff oder Wasserstoff, Blau für Stickstoff, Rot für Sauerstoff, Orange für Phosphor und Gelb für Schwefel.

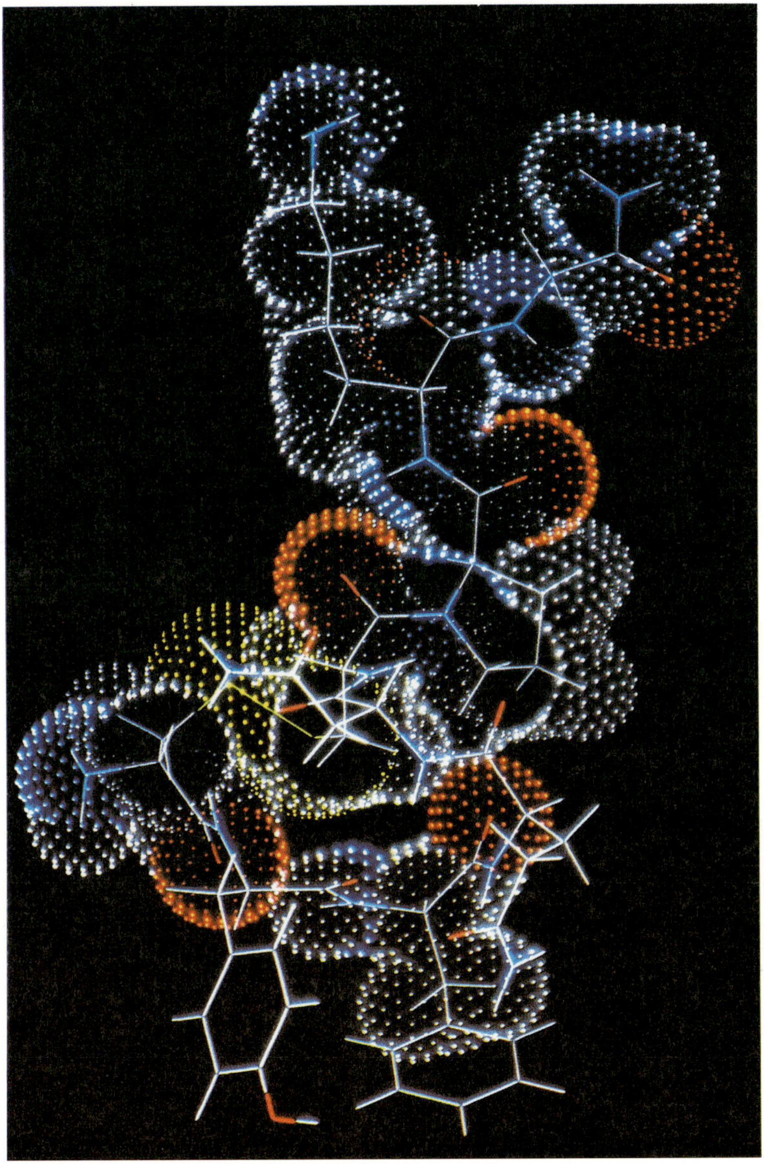

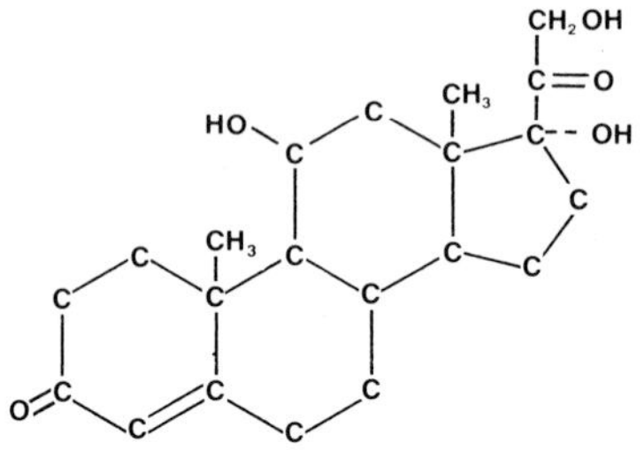

Cortisol

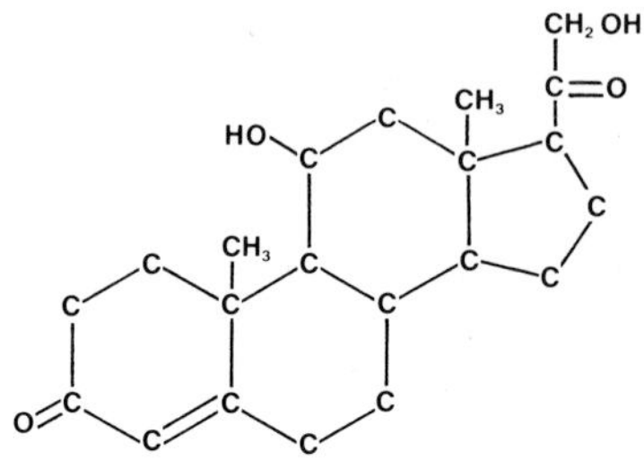

Corticosteron

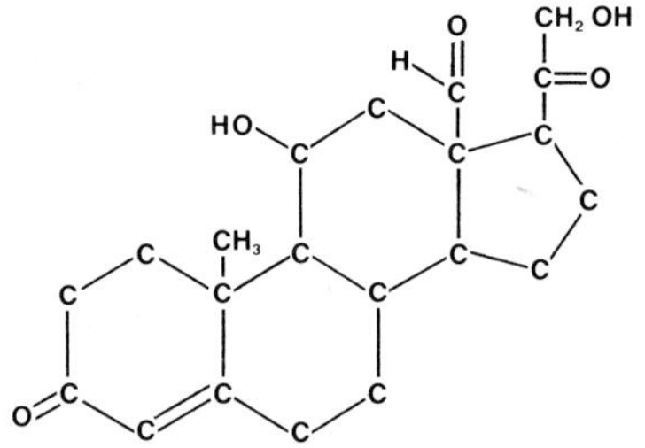

Aldosteron

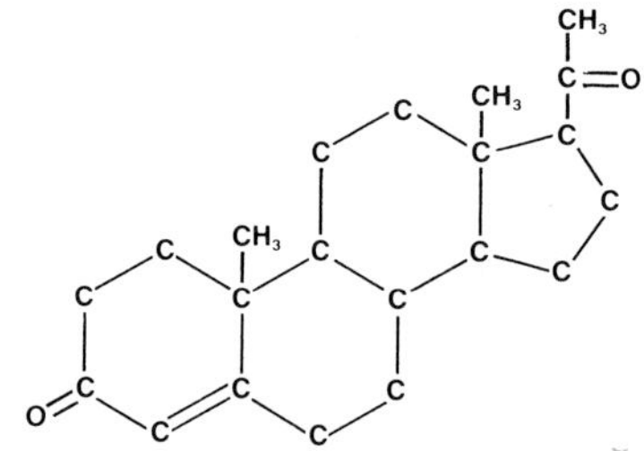

Progesteron

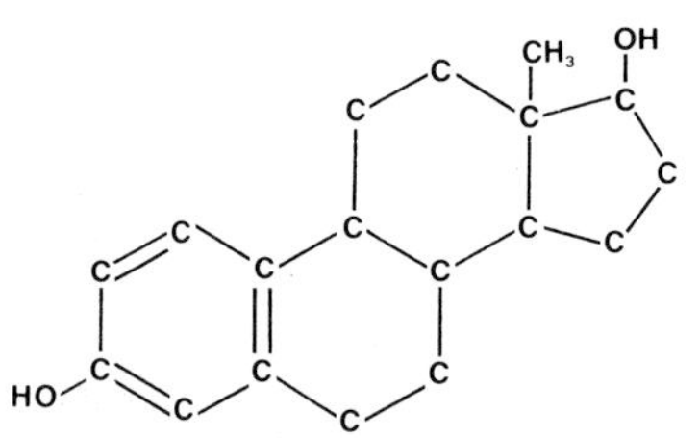

Beta-Östradiol

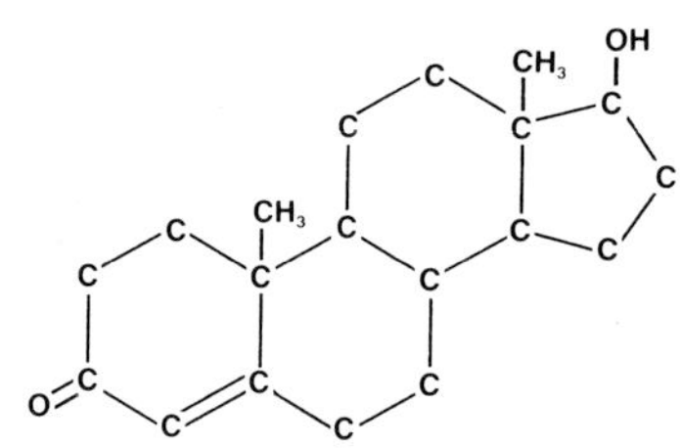

Testosteron

Bild 5 Die Steroidhormone stammen alle vom Cholesterin ab und haben darum ein gemeinsames Grundgerüst aus 17, zu einem Viererringsystem vereinten Kohlenstoffatomen. Die unterschiedlichen chemischen Gruppen, die den Kohlenstoffringen anhängen, bedingen auch sehr verschiedene Funktionen der Hormone. Die in dieser Darstellung gezeigten Moleküle stellen die wichtigsten Steroidhormone dar. Cortisol und Corticosteron fördern die Bildung von Glucose in der Leber – weshalb sie auch Glucocorticoide heißen. Durch Aldosteron hält die Niere Natrium zurück, statt es mit dem Urin auszuscheiden. Progesteron und Östradiol sind die wichtigsten weiblichen Sexualhormone, Testosteron das wichtigste männliche.

mone. Zu den wichtigsten Steroidhormonen des Menschen gehören die Glucocorticoide Cortisol und Corticosteron, die den Glucosemetabolismus regulieren und eine breite Skala weiterer Stoffwechselfunktionen steuern, ferner die Mineralcorticoide wie das Aldosteron, die das Elektrolytgleichgewicht des Körpers beeinflussen, und schließlich die Sexualhormone, zu denen Progesteron, Testosteron und die Östrogene gehören.

Die weiblichen Sexualhormone (die Östrogene und das Progesteron) sind besser untersucht als die meisten anderen Hormone. An ihrem Beispiel läßt sich vorbildlich demonstrieren, wie Hormone synthetisiert, freigesetzt und reguliert werden. Östradiol, das wichtigste Östrogen, und Progesteron bereiten während des normalen Menstruationszyklus die Gebärmutter auf die Einnistung eines befruchteten Eies vor. Dabei wird die Schleimhaut aufgebaut und die Gebärmutter stärker durchblutet. Ein abrupter Abfall des Östradiol- und Progesteronspiegels löst dann die Menstruationsblutung aus.

Die Freisetzung der Sexualhormone wird – wie bei den meisten Hormonen – von anderen Hormonen und von sogenannten Releasing-Faktoren (nach englisch *release*, freisetzen) gesteuert, die aus zwei übergeordneten Organen, der Hypophyse (Hirnanhangdrüse) und dem Hypothalamus (einem Teil des Zwischenhirns, Bild 6) stammen. Allgemein veranlaßt der Hypothalamus eine peripher gelegene Drüse zur Ausschüttung eines Steroidhormons, indem er einen Releasing-Faktor abgibt. Dieser wirkt auf die Hypophyse, die ihrerseits andere Hormone freisetzt, auf die nun die peripheren Drüsen reagieren: Sie schütten Hormone aus, die schließlich auf die Zielzellen einwirken.

Bei den weiblichen Sexualhormonen ist der wichtigste vom Hypothalamus freigesetzte Faktor das Gonadotropin-Releasing-Hormon. Am Anfang des monatlichen Menstruationszyklus gibt der Hypothalamus – gesteuert von einem als Zeitgeber fungierenden Gehirnareal – das Gonadotropin-Releasing-Hormon ins Blut ab; es wird gelegentlich auch Luteinisierungshormon-Releasing-Hormon genannt. Dieses Hormon besetzt die Oberflächenrezeptoren von Hypophysenzellen, die ihrerseits nun Hormone freisetzen: das luteinisierende Hormon und das follikelstimulierende Hormon (Follitropin).

Das follikelstimulierende und in Grenzen auch das luteinisierende Hormon regen im Eierstock das Wachstum eines Follikels an, eines bläschenartigen Gebildes, das die Eizelle umschließt. Dieser bildet aus Cholesterin Östradiol und gibt es ins Blut ab. Östradiol leitet den Aufbau der Gebärmutterschleimhaut ein. Einige Tage später setzt die Hypophyse eine gewisse Menge an luteinisierendem Hormon frei. Es verändert die Struktur des Eifollikels, führt zum Eisprung und wandelt den Follikel in den sogenannten Gelbkörper um.

Dieser synthetisiert weniger Östradiol und fängt an, aus Cholesterin Progesteron zu bilden. Das Hormon fördert die Durchblutung der Gebärmutter und bremst die Gebärmutterkontraktionen. Das Zusammenspiel von Östradiol und Progesteron hat damit die Gebärmutterschleimhaut für die Aufnahme eines befruchteten Eies vorbereitet.

Kurz nach dem Eisprung fängt die Hypophyse an, weniger luteinisierendes Hormon auszuschütten und veranlaßt schließlich den Gelbkörper, die Progesteronsynthese zu stoppen. Anschließend werden die Zellen, die die Gebärmutter auskleiden, abgestoßen, und die Menstruationsblutung beginnt.

Die Hormonmengen, die die verschiedenen Drüsen absondern, muß der Organismus während des Menstruationszyklus genau kontrollieren, damit ihre richtige Konzentration im Blut sichergestellt ist. Erreicht wird dies über ein sorgfältig abgestimmtes System von Rückkopplungsmechanismen (Bild 6). Zum Beispiel wirkt Östradiol, das in den Eierstöcken freigesetzt wird, nicht nur auf die Zielzellen in der Gebärmutter, sondern auch auf die Hypophysenzellen, die das follikelstimulierende Hormon ausschütten. Hier hindert es die Hypophyse daran, die Eierstöcke zu einer übergroßen Östradiolproduktion anzuregen. Außerdem wirkt Östradiol auch auf den

Bild 6 Rückkopplungs- und Kontrollmechanismen lösen die Ausschüttung von Steroidhormonen aus und gewährleisten die richtige Hormonkonzentration im Blut. Wird der Hypothalamus durch Gehirnnervenzellen stimuliert (1), gibt er einen Releasing-Faktor (nach englisch *release*, freisetzen) in das Blut ab (2). Spezialisierte Rezeptoren, die auf den Oberflächen bestimmter Hypophysenzellen (3) sitzen, binden einige Moleküle des Faktors, welche nun diese Zellen veranlassen, ein Tropin (beispielsweise Corticotropin oder Follitropin) auszuschütten (4). Dieses gelangt über den Blutstrom zu einer peripheren Drüse (5) und veranlaßt sie, beispielsweise ein Steroidhormon zu produzieren (6). Das Hormon beeinflußt jetzt seinerseits bestimmte Gewebe (7). Verschiedene Rückkopplungsschleifen halten die richtigen Hormonkonzentrationen im Blut aufrecht. So wirkt das Steroidhormon selbst auf die Hypophyse (8) zurück und hemmt die Produktion des entsprechenden Hypophysenhormons. Es beeinflußt auch den Hypothalamus und schränkt die Produktion des Releasing-Faktors ein (9). Das jeweilige Tropinhormon und der hypothalamische Releasing-Faktor selbst drosseln ebenfalls die Produktion des Faktors im Hypothalamus (10 und 11). Weiterhin veranlassen die Steroidhormone (12) bestimmte Zellen im Hypothalamus, einen hypothalamischen Hemmfaktor zu produzieren (13), der die Ausschüttung des Hypophysenhormons einschränkt (14).

● hypothalamischer Releasing-Faktor
● Tropinhormon der Hypophyse
● Steroidhormon
● hypothalamischer Hemmfaktor
——→ stimulierend
------→ hemmend

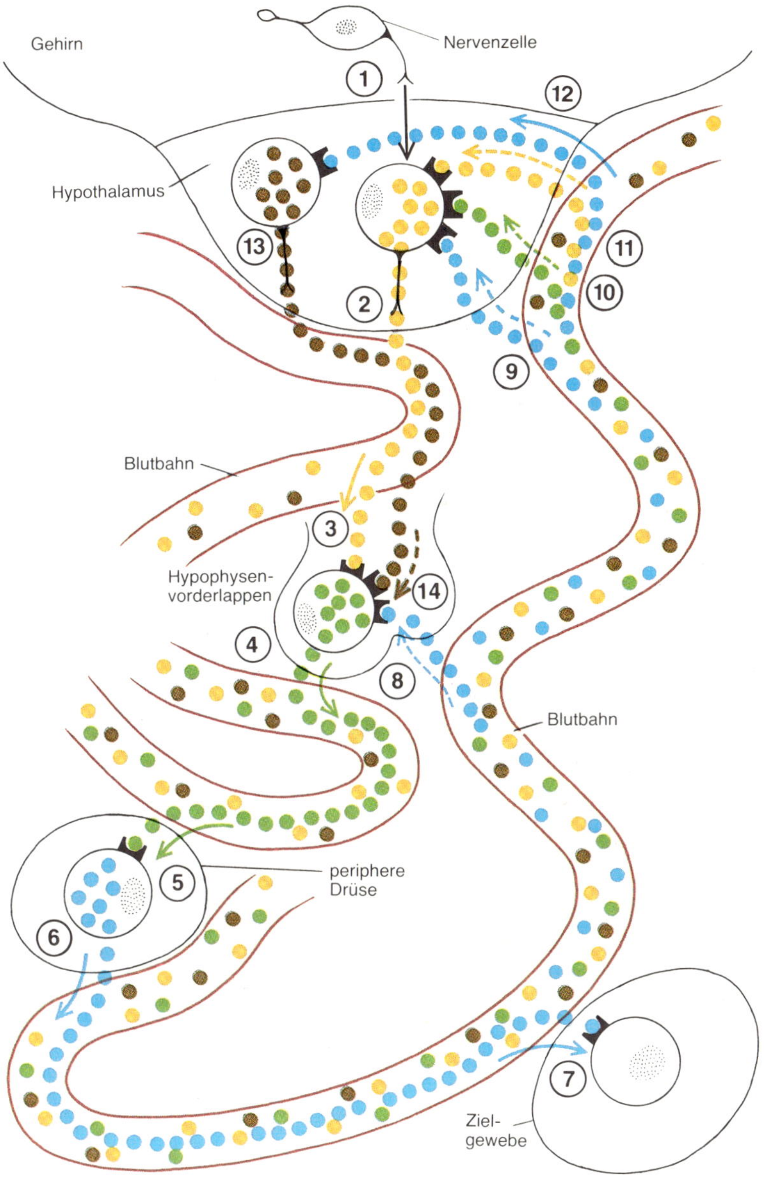
Gehirn
Nervenzelle
Hypothalamus
Blutbahn
Hypophysen-
vorderlappen
Blutbahn
periphere
Drüse
Ziel-
gewebe
1
2
3
4
5
6
7
8
9
10
11
12
13
14

Hypothalamus, wo es die Freisetzung des Gonadotropin-Releasing-Hormons blockiert. Der Östradiolspiegel des Blutes bestimmt also, wieviel weiteres Östradiol ausgeschüttet wird. Vergleichbares geschieht zum Beispiel in einem Haus mit automatischer Temperaturregelung, in dem die Raumtemperatur die Wärmezufuhr bestimmt.

Es gibt für Östradiol noch eine weitere Rückkopplungschleife. Wenn die Follikel in den Eierstöcken Östradiol produzieren, erzeugen sie auch eine als Inhibin bezeichnete Substanz. Sie hemmt in der Hypophyse die Produktion von follikelstimulierendem Hormon und im Hypothalamus die Erzeugung von Gonadotropin-Releasing-Hormon.

Andere Steroidhormone mit den unterschiedlichsten Funktionen sind ähnlichen Rückkopplungs- und Kontrollmechanismen unterworfen. Zum Beispiel werden Glucocorticoide wie Cortisol dann synthetisiert und ausgeschüttet, wenn entsprechende Hypothalamus- und Hypophysenhormone die Nebennierenrinde stimulieren. Östradiol wirkt nur auf wenige spezifische Zielorgane; Cortisol hingegen beeinflußt fast sämtliche Gewebe im Körper und löst Stoffwechselveränderungen aus, die den Organismus besser befähigen, mit anhaltendem Streß fertigzuwerden.

In den meisten Geweben verstärkt Cortisol die Aufnahme von Aminosäuren und die Synthese von Proteinen, in der Leber hingegen beschleunigt es die Umwandlung von Aminosäuren in Zucker. Die Nebennierenrinde wird von einem in der Hypophyse gebildeten Hormon, dem Corticotropin (auch adrenocorticotropes Hormon, abgekürzt ACTH), dazu angeregt, Cortisol zu bilden und auszuschütten. Wylie Vale vom Salk Institute for Biological Studies zeigte vor kurzem, daß die Sekretion von Corticotropin wiederum vom Hypothalamus aus über den sogenannten Corticotropin-Releasing-Faktor reguliert wird.

Die Peptidhormone

Die Releasing-Faktoren des Hypothalamus, die über die Hypophyse die Freisetzung von Steroidhormonen steuern, sind selbst keine Steroide. Sie gehören zu der anderen wichtigen chemischen Stoffklasse der Hormone, den Peptidhormonen.

Im Gegensatz zu den Steroidhormonen, die alle von demselben Molekül (Cholesterin) herrühren, stammt jedes Peptidhormon von einem spezifischen Vorläufermolekül ab: einer langen Aminosäurekette, die das Hormon ein- oder mehrfach neben anderen Peptidsequenzen enthält, die nichts mit dem Hormon zu tun haben. Dieses Vorläufermolekül – auch als Prohormon bezeichnet – wird von Enzymen gespalten, die so das Peptidhormon „freilegen“. Zwar leitet sich jedes Peptidhormon von einem anderen

Vorläufermolekül ab, doch sind einige der bearbeitenden Enzyme gleichzeitig für verschiedene Systeme von Peptidhormonen zuständig.

Eines der wichtigsten Peptidhormone ist das Insulin, das spezifische Zellen der Bauchspeicheldrüse – die Beta-Zellen – synthetisieren. Insulin beeinflußt nahezu jede Körperzelle. Bekannt ist vor allem seine Eigenschaft, den Blutzuckergehalt zu senken, indem es die Zellen anregt, Glucose aufzunehmen. Zusätzlich erfüllt Insulin jedoch noch viele weitere Funktionen, von denen man einige nur andeutungsweise durchschaut. Insulin beeinflußt zum Beispiel auf irgendeine Weise den Fettstoffwechsel, so daß der Blutfettspiegel sinkt. So entwickeln Diabetiker, die ja an Insulinmangel leiden, häufig eine Arteriosklerose, bei der ganze Areale fettiger Ablagerungen (sogenannte Plaques) die Blutgefäße auskleiden.

Viele Peptidhormone sind im Magen-Darm-Trakt tätig. Ein Beispiel dafür ist Gastrin, das die Sekretion von Säure in den Magen fördert. Bei Patienten mit gastrinproduzierenden Tumoren entwickeln sich durch überschüssige Säureproduktion oft böse Magengeschwüre. Ein weiteres Peptidhormon ist Somatostatin, das dem Gastrin entgegenwirkt, indem es die Säuresekretion bestimmter Zellgruppen des Mageninnern blockiert.

Cholecystokinin schließlich wird von bestimmten Zellen das Darmes an das Blut abgegeben. Von hier aus gelangt es zur Gallenblase, regt dort die Entleerung von Galle in den Darm an und fördert so die Verdauung. Cholecystokinin hat noch eine weitere Funktion: Es dient im Gehirn als Neurotransmitter.

Auch viele andere Peptidhormone weisen diese Doppelfunktion als Botenmolekül der hormonellen wie der neuronalen Kommunikation auf. So ist das sogenannte vasoaktive Intestinalpolypeptid zum einen ein Darmhormon, das die Darmbeweglichkeit steuert; zum andern fungiert es im Gehirn als Neurotransmitter. Die Enkephaline (siehe Bild 8), zwei nur geringfügig voneinander verschiedene Peptide, wirken im Gehirn wie Opiate; im Darm dagegen regulieren sie als Hormone die Bewegung des Speisebreis durch den Verdauungstrakt, indem sie dessen rhythmische peristaltische Kontraktionen verändern.

Bis zur Mitte der siebziger Jahre wußte man nicht, daß Peptide als Neurotransmitter fungieren können. Dagegen waren viele der Peptidhormone bereits bekannt. Die ersten identifizierten Neurotransmitter waren das Acetylcholin und die biogenen Amine, speziell die Monoamine, die sich aus einer Aminosäure ableiten und eine Aminogruppe aufweisen (Bild 7). Zu den Monoaminen gehören zum Beispiel die Catecholamine Dopamin, Noradrenalin und Adrenalin, die alle von der Aminosäure Tyrosin abstammen. Noradrenalin und Adrenalin sind überdies auch Hormone; sie werden vom Nebennierenmark gebildet und steigern die Herzfrequenz, den Blutdruck sowie die Freisetzung von Zuckerreserven aus der Leber ins Blut.

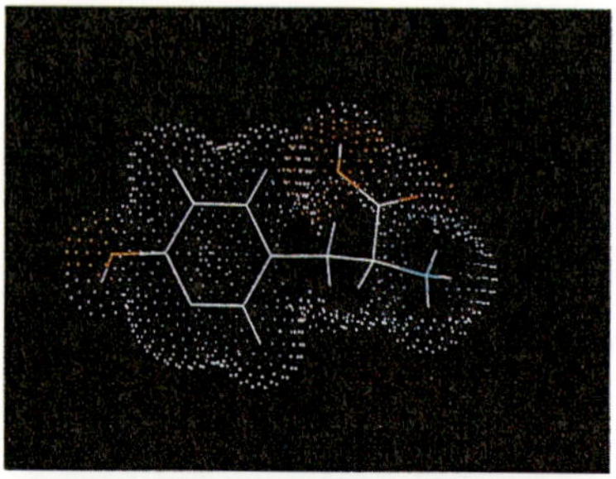

a Tyrosin

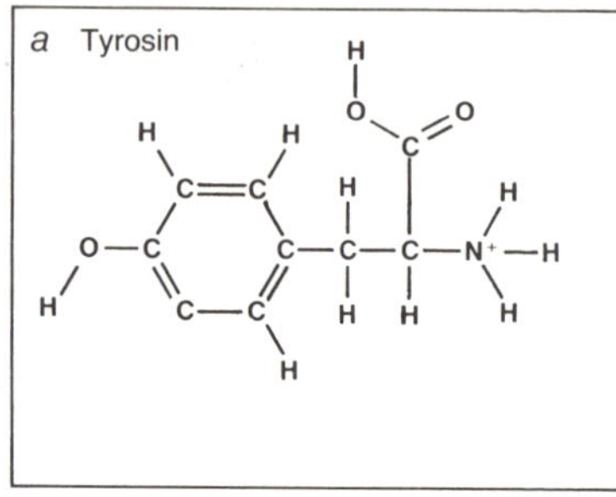

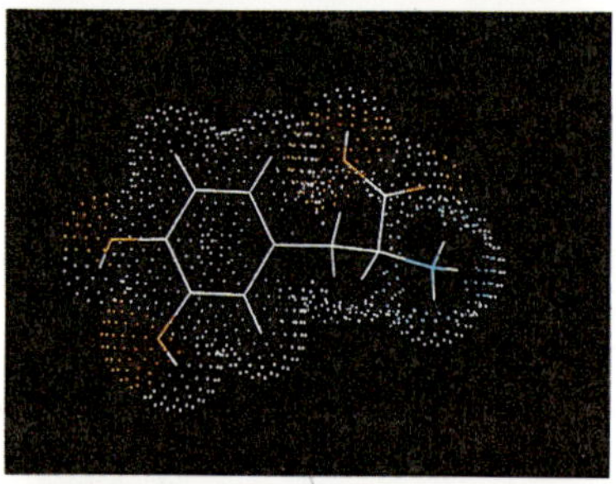

b L-Dopa

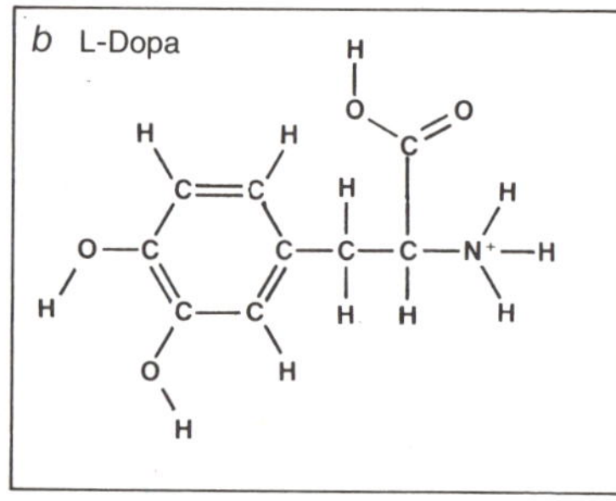

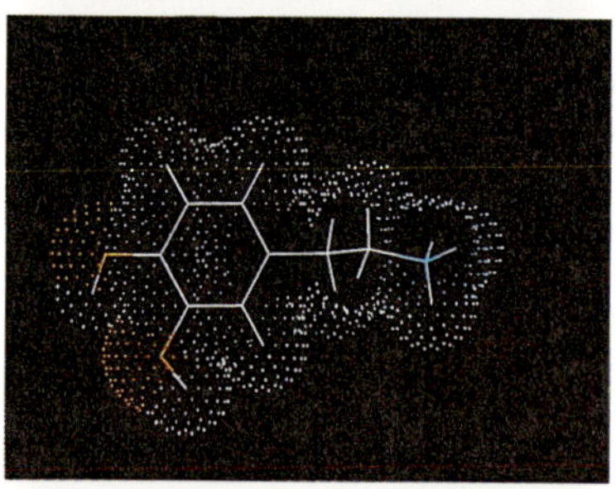

c Dopamin

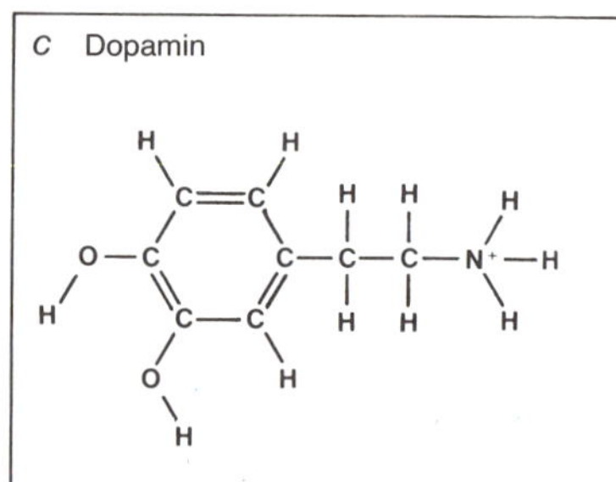

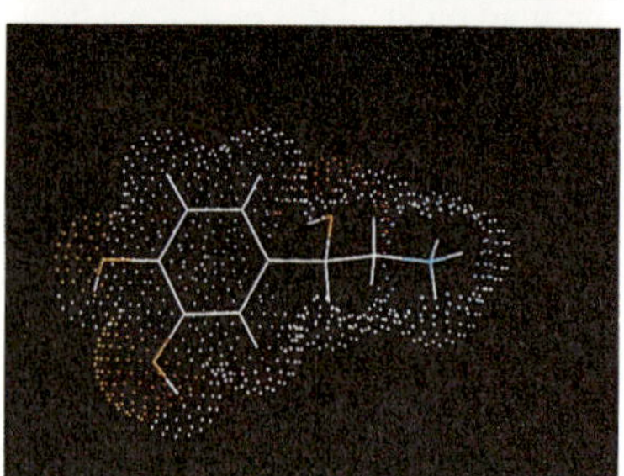

d Noradrenalin

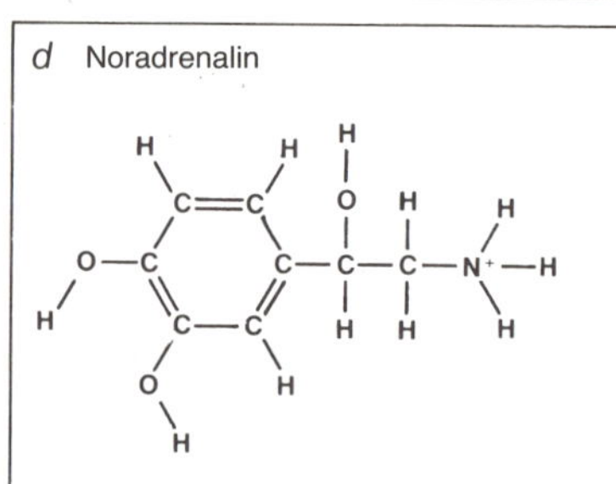

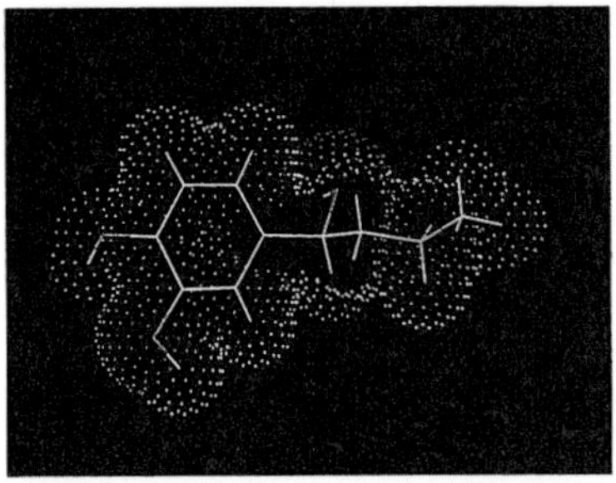

e Adrenalin

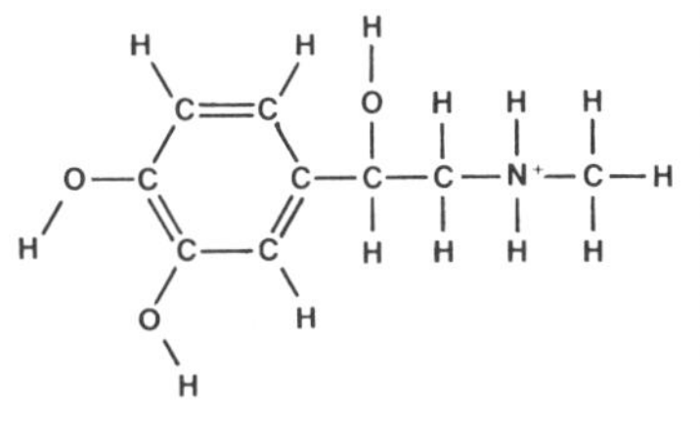

Bild 7 Diese Catecholaminneurotransmitter Dopamin, Noradrenalin und Adrenalin (die auch als Hormone fungieren) stammen von der Aminosäure Tyrosin ab. Tyrosin (*a*) wird zunächst durch Anhängen einer Hydroxylgruppe (OH-Gruppe) in L-Dopa (*b*) umgewandelt. Ein Wasserstoffatom ersetzt danach eine COOH-Gruppe; so wird aus L-Dopa Dopamin (*c*). Kommt eine OH-Gruppe hinzu, entsteht Noradrenalin (*d*); wird schließlich noch eine Methylgruppe (CH_3) angehängt, ergibt sich Adrenalin (*e*). Die farbigen Computergraphiken stammen von Tripos Associates.

Die Funktion der Neurotransmitter

In den sechziger Jahren stellten zahlreiche Arbeitsgruppen fest, daß auch eine Anzahl unmodifizierter Aminosäuren in einigen Fällen als Neurotransmitter eingesetzt wird. Dazu gehört die Gamma-Aminobuttersäure, die nahezu ausschließlich als Neurotransmitter dient. Andere als Neurotransmitter fungierende Aminosäuren wie Glutaminsäure, Asparaginsäure und Glycin sind auch Bestandteile von Proteinen.

Insgesamt gibt es nicht mehr als zehn Neurotransmitter, die Amine oder Aminosäuren sind – und das reicht nach dem klassischen Modell der Neurotransmitterfunktion bereits mehr als aus. Nach diesem Modell nämlich dient ein Neurotransmitter als chemischer Schalter, der die angesprochene Nervenzelle veranlaßt, entweder zu „feuern" oder dies zu unterlassen. Träfe diese Vorstellung zu, so käme das Gehirn mit nur zwei Neurotransmittern aus, einem erregenden und einem hemmenden. Seit jedoch 1975 die Enkephaline als Neurotransmitter entdeckt wurden, die Opiatrezeptoren im Gehirn stimulieren, haben Forscher nahezu 50 weitere Neuropeptide isoliert. Welche Funktion haben sie?

Sorgfältige elektrophysiologische Untersuchungen zeigten, daß verschiedene Neurotransmitter viele unterschiedliche Effekte an Synapsen hervorrufen können. In der Membran einer nachgeschalteten Nervenzelle gibt es verschiedene Typen von Kanälen. Neurotransmitter können diese

Kanäle öffnen oder schließen, so daß Ionen wie die von Chlor, Natrium, Kalium und Calcium die Membran der Nervenzelle zu passieren vermögen. Für jedes Ion scheinen viele Kanaltypen zu existieren, und je nach Kanal wird auch ein anderes Signal übermittelt. Neurotransmitter können dabei die Kanäle in verschiedener Weise beeinflussen.

Überdies kann sich ein einzelner Neurotransmitter, abhängig von der Art der Synapse, unterschiedlich auswirken. Wenn sich zum Beispiel der Neurotransmitter Acetylcholin an Muscarinrezeptoren bindet, die an den Synapsen zu den Muskelzellen der glatten Darmmuskulatur vorkommen, werden bestimmte Kanäle geschlossen, durch die normalerweise Kaliumionen aus der Zelle strömen. Dieser (noch nicht ganz verstandene) Wirkungsmechanismus verursacht eine langsam ansteigende Dauererregung des Muskels. Bindet sich Acetylcholin dagegen an die Nikotinrezeptoren der Synapsen zu Skelettmuskeln, öffnen sich Natriumkanäle, so daß die Muskeln spontan und schnell kontrahieren.

Durch die Entdeckung der Neuropeptide wurde nicht allein die Hypothese widerlegt, die Neurotransmitter übermittelten lediglich einfache „Ein"- oder „Aus"-Signale; vielmehr wurde nun auch die traditionelle Vorstellung revidiert, jede Nervenzelle könne nur einen Transmitter freisetzen. Im Jahre 1977 erkannte nämlich Thomas G. M. Hökfelt vom Karolinska-Institut in Stockholm, daß die Endigungen vieler, wenn nicht gar der meisten Nervenzellen zwei oder drei Botenstoffe enthalten, von denen einer immer ein Peptid ist. Offenbar arbeiten die Cotransmitter in synergistischer Weise zusammen und können dadurch differenziertere Informationen übermitteln, als es mit einem einzelnen möglich wäre. Der Mechanismus dieser Kooperation ist allerdings noch nicht genau geklärt.

Die Neuropeptidforschung

Viele Eigenschaften von Neuropeptiden lassen sich am Beispiel der beiden Enkephaline darstellen (Bild 8). Beide bestehen aus einer Kette von jeweils fünf Aminosäuren. Sie unterscheiden sich nur hinsichtlich ihrer fünften Aminosäure: Das eine, das sogenannte Met-Enkephalin, endet mit Methionin und das andere, das Leu-Enkephalin, mit Leucin.

Bild 8 Die Enkephaline fungieren sowohl als Neurotransmitter als auch als Hormone. Sie werden durch enzymatische Spaltung wesentlich größerer Vorläufermoleküle gebildet. Jedes Enkephalin besteht aus einer Kette von fünf Aminosäuren. Die beiden Enkephaline unterscheiden sich nur in ihrer jeweils fünften Aminosäure, die beim Met-Enkephalin (oben links) aus Methionin und beim Leu-Enkephalin

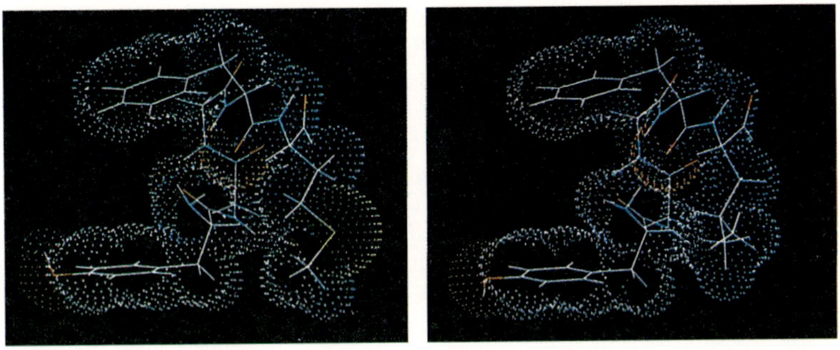

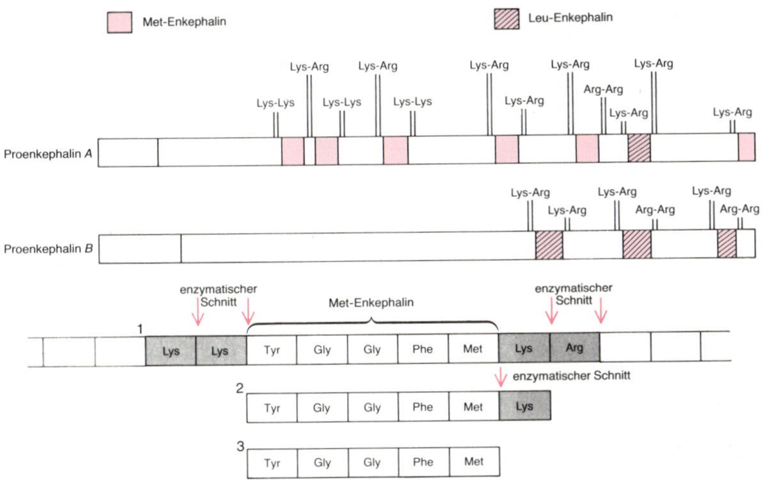

(oben rechts) aus Leucin besteht. Es gibt zwei Sorten von Vorläufermolekülen für die Enkephaline (Mitte). Proenkephalin *A* enthält sechsmal Met-Enkephalin und einmal Leu-Enkephalin, Proenkephalin *B* dreimal Leu-Enkephalin und keinmal Met-Enkephalin. In den Vorläufermolekülen ist jedes Enkephalin an beiden Seiten von einem Aminosäurepaar flankiert, das als Signal dient. Dieses kann entweder aus zwei Molekülen Lysin oder zwei Molekülen Arginin oder aus einem Molekül Lysin und einem Molekül Arginin zusammengesetzt sein. Zwei verschiedene Enzyme werden benötigt, um Enkephalin aus seinem Vorläufermolekül herauszuschneiden. Das erste (1) schneidet rechts jeder Signalaminosäure (Lysin und Arginin), wodurch rechts am Enkephalinmolekül eine Aminosäure übrigbleibt. Der zweite enzymatische Schnitt (2) trennt auch diese Aminosäure ab, so daß Enkephalin entsteht (3). Wie schnell dies geschieht, variiert je nach Bedingungen. Die oberen Abbildungen sind von Tripos Associates.

Enkephaline lassen sich in bestimmten Schaltbahnen des Gehirns nachweisen, und zwar in ungefähr denselben Bezirken, in denen auch Opiatrezeptoren zu finden sind. Dies spricht für die Hypothese, daß die Enkephaline wie Opiate wirken.

Die Enkephaline leiten sich von zwei großen Vorläuferproteinen ab, dem Proenkephalin *A* und dem Proenkephalin *B*. Proenkephalin *A* enthält sechsmal das Met-Enkephalin und einmal das Leu-Enkephalin, während Proenkephalin *B* dreimal das Leu-Enkephalin und kein Met-Enkephalin enthält. Also stammt sämtliches Met-Enkephalin vom Proenkephalin *A* ab, während Leu-Enkephalin von beiden Vorläufermolekülen gebildet werden kann.

Innerhalb der Vorläufermoleküle ist jedes Enkephalin von einem Signal flankiert, das aus jeweils zwei Aminosäuren besteht: entweder zweimal Lysin oder zweimal Arginin oder je eins von beiden. Die Enkephaline werden in zwei aufeinanderfolgenden enzymatischen Schritten herausgeschnitten. Im ersten Schritt spaltet ein Enzym jeweils die rechte Peptidbindung an jeder der flankierenden Aminosäuren (Bild 8). Daraus resultiert ein Molekül, das aus einem Enkephalin mit einer noch rechts anhängenden überflüssigen Aminosäure besteht. Ein zweites Enzym entfernt diese Aminosäure und bildet damit das Enkephalin. Die Geschwindigkeit, mit der Enkephalin entsteht, variiert je nach Bedingung. So steigt sie vermutlich bei schmerzhaften Streßzuständen an. Die Geschwindigkeit läßt sich auf zweierlei Weise steuern: zum einen, indem sich die Transkriptionsrate der Proenkephalingene verändert, zum anderen über die unterschiedliche Verfügbarkeit jener Enzyme, welche die Peptidbindungen beiderseits des Enkephalins im Vorläufermolekül spalten.

Viele Enzyme sind in der Lage, die beiden enzymatischen Schritte durchzuführen, die zur Umwandlung von Proenkephalin in Enkephalin notwendig sind. Eine der großen ungelösten Fragen ist, ob gewisse allgemein anwendbare Enzyme sämtliche Hormon- und Neurotransmitterpeptide bearbeiten, oder ob für jedes Peptid spezifische Enzyme vorhanden sind. Aus der Antwort werden sich weitgehende praktische Konsequenzen ergeben. Sollten spezifische Enzyme beteiligt sein, könnte man gezielt Medikamente entwickeln, welche nur die Biosynthese eines bestimmten peptidischen Neurotransmitters blockieren, und so die neurochemischen Prozesse eines Patienten präzise kontrollieren.

Die neuesten Forschungsergebnisse sprechen für die Hypothese, daß es tatsächlich solche spezifischen Enzyme gibt. Lloyd D. Fricker, Stephen M. Strittmatter und David R. Lynch aus meinem Labor an der Medizinischen Fakultät der Johns-Hopkins-Universität haben ein Enzym isoliert und beschrieben, das wir Enkephalin-Konvertase nennen. Es entfernt die einzelne Aminosäure, die dem fast fertigen Enkephalin noch anhängt.

Wir stellten auch fest, daß die Enkephalin-Konvertase ausschließlich an denselben Stellen im Gehirn vorkommt wie das Enkephalin selbst. Dies zeigt, daß es dort zur Bildung von Enkephalin beiträgt – was allerdings nicht ausschließt, daß es woanders im Körper auch andere Funktionen haben könnte. Mit einigen Wirkstoffen, die wir getestet haben, ließ sich die Enkephalin-Konvertase rund tausendmal besser hemmen als jedes andere Enzym.

Aus der Neuropeptidforschung ergibt sich also die aufregende Möglichkeit, neue Wirkstoffe zu entwickeln, die effektiver, spezifischer und sicherer sind als die heute gebräuchlichen Psychopharmaka. Praktisch alle in Neurologie und Psychiatrie verwendeten Medikamente hemmen oder steigern den Effekt irgendeines Neurotransmitters. Die meisten wirken sich auf einen der klassischen Botenstoffe aus. Die gerade entdeckten Peptidtransmitter hingegen hönnten eine neue Generation von Wirkstoffen liefern, welche die Synthese, die Freisetzung und die Rezeptoreffekte von spezifischen Neuropeptiden beeinflussen. Mit einem Arsenal von Mitteln, mit denen sich jedes der vielen Neuropeptide steuern ließe, könnten wir feiner auf das Fühlen und Denken einwirken und so Gemütskrankheiten und neurologische Erkrankungen wesentlich besser lindern.

Die Neurorezeptortypen

Wie die momentan gebräuchlichen Wirkstoffe mit Transmittern reagieren, läßt sich am besten anhand eines klassischen Amintransmitters beschreiben, des Noradrenalins. Es wird im sympathischen Nervensystem – einem Teil des vegetativen Nervensystems – als Botenstoff verwendet. Das sympathische Nervensystem macht den Körper bereit, schnell seine Leistung zu steigern, indem es zum Beispiel gewisse Blutgefäße erweitert, die Herzfrequenz erhöht und den Verdauungsprozeß verlangsamt. Außerdem ist Noradrenalin eine Überträgersubstanz im Gehirn.

Nervenzellen, die Noradrenalin enthalten, kommen – wie jene, die Enkephalin enthalten – in speziellen Gehirnarealen hochkonzentriert vor. Eine der wichtigsten noradrenergen Bahnen geht von einem kleinen bläulichen Kern im Gehirnstamm aus, dem Locus coeruleus. Von dort ziehen die Nervenfasern in viele Gehirnregionen, so daß die relativ wenigen Nervenzellen des Locus coeruleus buchstäblich Milliarden anderer Neuronen beeinflussen können.

Es gibt vier wichtige Noradrenalinrezeptoren, die Alpha 1, Alpha 2, Beta 1 und Beta 2 genannt werden. Da die verschiedenen Noradrenalinrezeptoren in unterschiedlichen Bereichen des Körpers zu finden sind, lassen sich speziell für sie bestimmte erregende oder hemmende Stoffe entwickeln. Zum Beispiel erhöht sich der Blutdruck, wenn die Alpha-1-Rezeptoren des peripheren Nervensystems stimuliert werden. Folglich hat man viele Mittel gegen Bluthochdruck so entwickelt, daß sie selektiv die Alpha-1-Rezeptoren blockieren.

Wenn man andererseits Rezeptoren vom Typ Beta-1 oder Beta-2 erregt, erhöht sich die Herzschlagfrequenz, und die bronchialen Verästelungen in der Lunge werden erweitert. Ein Beta-Stimulans (Beta-Mimetikum) kann darum bei der Behandlung von Asthma, ein Beta-Blocker bei der Bekämpfung von Angina pectoris eingesetzt werden.

Ein Beta-Mimetikum gegen Asthma könnte allerdings den Herzschlag übermäßig beschleunigen, und ein Beta-Blocker gegen Angina pectoris könnte eine gleichzeitig vorhandene Asthmaerkrankung verschlimmern. Diese Nebenwirkungen lassen sich jedoch ausschalten, weil das Herz hauptsächlich Beta-1-Rezeptoren trägt, die Lunge aber größtenteils Beta-2-Rezeptoren. Die pharmakologische Forschung konnte deshalb selektive Beta-2-Mimetika entwickeln, die Asthmasymptome lindern, ohne Herzklopfen zu verursachen, und Beta-1-Blocker, die Beschwerden der Angina pectoris mildern, ohne Asthmaanfälle auszulösen. Viele weitere Pharmaka nutzen die vielfältigen Rezeptortypen aus, die für die meisten Neurotransmitter existieren.

Eine Reihe von Substanzen arbeitet nach einem etwas anderen Prinzip. Eine freigesetzte Überträgersubstanz muß, nachdem sie ihre Wirkung am Rezeptor entfaltet hat, irgendwie wieder beseitigt werden, damit die Kontaktstellen auf den nächsten Nervenimpuls reagieren können. Die meisten Neurotransmitter werden durch einen pumpenähnlichen Mechanismus „inaktiviert", der den Botenstoff in die Nervenendigung zurücktransportiert, aus der er stammt. Der therapeutische Effekt einiger Pharmaka besteht nun darin, daß sie diesen Wiederaufnahmemechanismus hemmen.

Beispielsweise blockieren die gebräuchlichsten, die trizyklischen Antidepressiva die Wiederaufnahme von Noradrenalin und Serotonin, so daß mehr Botenstoffe zu den Rezeptoren gelangen. Da sich mit solchen Wirkstoffen tatsächlich Depressionen beheben lassen, ist anzunehmen, daß Depressionen zum Teil von einem Mangel an Noradrenalin, Serotonin und anderen biogenen Aminen herrühren.

Bestimmte andere Pharmaka schließlich beeinflussen die Enzyme, die Noradrenalin synthetisieren oder abbauen. So läßt sich zum Beispiel der Noradrenalinspiegel im Gehirn erhöhen, indem man die Monoaminoxidase hemmt, die Catecholamine wie Noradrenalin abbaut. Wegen des erhöhten Spiegels und des daraus resultierenden Konzentrationsgefälles tritt Noradrenalin vermehrt aus der Nervenendigung aus. Monoaminoxidasehemmer können so die synaptische Aktivität von Noradrenalin steigern und deshalb als Antidepressiva dienen.

Die Kommunikation zwischen Zellen oder Zellgruppen ist für das Überleben eines jeden vielzelligen Organismus entscheidend. In höheren Lebewesen beruht sie auf einer großen Anzahl hochspezialisierter Botenmoleküle. Die Eigenschaften und Funktionen all dieser interzellulären Boten zu erforschen, ermöglicht es schließlich auch, sicherere und wirksamere Medikamente für so unterschiedliche Erkrankungen zu entwickeln wie hormonelle Dysregulationen, Herzerkrankungen und auch Geistesstörungen.

Die Moleküle des Immunsystems

Die Proteine, die fremde Eindringlinge erkennen oder ein Individuum auszeichnen, zählen zu den vielfältigsten Proteinen überhaupt. Codiert werden sie von Hunderten getrennter Genteile, die sich in millionenfacher Weise miteinander kombinieren und zudem noch abwandeln können.

Von Susumu Tonegawa

Ein funktionierendes Immunsystem ist überlebensnotwendig: Versagt es, bedeutet dies fast unausweichlich den Tod durch Infektion. Von seiner lebenswichtigen Rolle einmal abgesehen, ist es ein faszinierendes Beispiel für die Genialität der Natur.

Unablässig patrouillieren die Zellen und Moleküle dieses Abwehrsystems auf der Suche nach Krankheitserregern durch den Körper. Sie können eine praktisch unbegrenzte Vielfalt fremder Zellen und Substanzen erkennen und von körpereigenen unterscheiden. Dringt ein Krankheitserreger in den Körper ein, so spüren sie ihn auf und machen regelrecht mobil, um ihn außer Gefecht zu setzen. Sie „erinnern" sich zudem an jede Infektion, so daß sie bei neuerlichem Zusammentreffen mit dem gleichen Organismus wirkungsvoller fertigwerden. Das alles bewerkstelligen sie überdies mit einem ziemlich kleinen Verteidigungsbudget, beanspruchen sie doch nur einen bescheidenen Anteil des Genoms und der körperlichen Ressourcen.

Entscheidend für das Auslösen einer Immunantwort ist, die chemischen Marker zu erkennen, in denen sich „Selbst" von „Nicht-Selbst" unterscheidet. Mit dieser Aufgabe sind Proteine betraut, deren faszinierendste Eigenschaft ihre strukturelle Variabilität ist.

Im allgemeinen sind alle Moleküle eines bestimmten Proteins in einem Individuum absolut identisch: Sie haben dieselbe Aminosäuresequenz. Höchstens sind zwei Versionen anzutreffen, die eine vom mütterlichen, die andere vom väterlichen Gen codiert. Die Erkennungsproteine des Immunsystems treten dagegen in Millionen, vielleicht auch Milliarden abgewandelten Formen auf. Dank dieser Unterschiede kann jedes Molekül ein spezifisches Ziel erkennen.

Die bekanntesten Erkennungsproteine sind die Antikörper, die Immunglobuline (Bild 1). Man hat inzwischen wesentliche Einblicke in ihre Struktur und in den genetischen Mechanismus gewonnen, der für ihre Vielfalt verantwortlich ist. Und zwar gehen die unzähligen verschiedenen Antikörper aus einem Repertoire relativ weniger Genteile hervor, die sich in allen möglichen Kombinationen zu funktionsfähigen Antikörpergenen zusammenstellen lassen. Damit liefern die Antikörpergene den schlagenden Beweis, daß die DNA eines Individuums kein fest sortiertes Archiv ist, sondern sich im Laufe des Lebens verändern kann. Das Ausschneiden und Zusammenfügen von Gensequenzen für die Antikörpersynthese ist keine zufällige Eigenart des genetischen Prozesses, sondern die wesentliche Voraussetzung für das Funktionieren des Immunsystems.

Eine weitere Klasse von Erkennungsmolekülen umfaßt die *T*-Zell-Rezeptoren, antennenartige Proteine auf der Oberfläche bestimmter Immunzellen. Da sie sich schwieriger isolieren lassen, sind ihre Eigenschaften noch nicht so gut erforscht wie die der Antikörper.

Strukturell und der Abstammung nach sind sie eindeutig mit den Antikörpern verwandt. Auch ihre Vielfalt geht auf einen entsprechenden genetischen Mechanismus zurück, aber ihre Arbeitsweise ist etwas anders. Ein *T*-Zell-Rezeptor erkennt nur solche Zellen, die sowohl körpereigene als auch körperfremde Marker tragen (Bild 3). Aufgrund dieser Eigentümlichkeit können die *T*-Zellen direkt gegen Virusinfektionen vorgehen und zudem andere Komponenten des Immunsystems regulieren.

Die *B*-Zellen

Die wichtigsten Zellen des Immunsystems sind die Lymphocyten, eine Gruppe weißer Blutkörperchen. Wie andere Blutzellen gehen auch sie aus Stammzellen im Knochenmark hervor. Die eine Klasse von Lymphocyten, die *B*-Zellen, vollenden bei Säugern ihre Reifung im Knochenmark. Eine zweite Klasse, die *T*-Zellen, differenzieren sich in der Thymusdrüse weiter. Die Zellen beider Klassen ähneln sich in Größe und Aussehen, sind aber an verschiedenen Formen der Immunantwort beteiligt.

Die *B*-Lymphocyten synthetisieren die Antikörper. Ihre grundlegende Arbeitsweise läßt sich mittels der klonalen Selektionstheorie verstehen, die von Sir Macfarlane Burnet vor über 30 Jahren vorgeschlagen worden ist. Jede *B*-Zelle wird während ihrer Reifung im Knochenmark auf die Synthese von Antikörpern festgelegt, die ein spezifisches Antigen, eine bestimm-

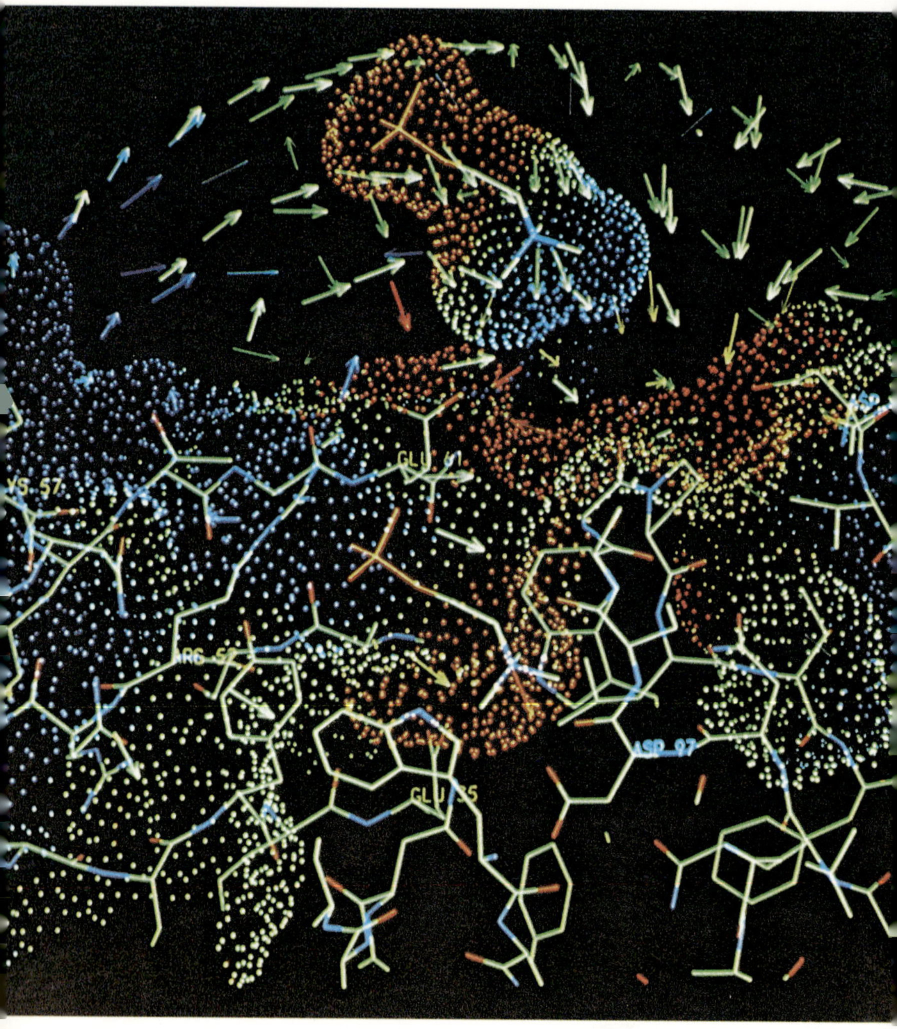

Bild 1 Antikörper erkennen körperfremde Stoffe; entscheidend dabei ist die Bindung zwischen Antigen und Antikörper. Das Computerbild zeigt als gebundene Substanz allerdings kein vollständiges Antigen, sondern ein Hapten, einen niedermolekularen Stoff mit einer Affinität zu einem bestimmten Antikörper (Haptene wirken nur in Verbindung mit einem makromolekularen Träger immunogen). Bei dem dargestellten Hapten handelt es sich um Phosphocholin. Elektrostatische Wechsel-

te molekulare Struktur also, erkennen. Im einfachsten Fall behalten alle Nachkommen einer Zelle dieselbe Spezifität; sie bilden daher einen Klon immunologisch identischer Zellen. (In Wirklichkeit entstehen einige Variationen, während sich die Zellen vermehren.)

Die von einer *B*-Zelle synthetisierten Antikörper werden zunächst nicht abgegeben; sie bleiben an der Außenseite der Zellmembran als Rezeptormoleküle sitzen (Bild 2). Bindet sich ein Antigen an einen solchen membranständigen Antikörper, so wird die zugehörige Zelle zur Vermehrung angeregt. Dieser Prozeß ist die klonale Selektion. Im allgemeinen reagieren viele Klone auf einen einzigen Erreger. Denn die von den Antikörpern erkannten antigenen Marker sind vergleichsweise kleine molekulare Strukturen, und ein einzelnes Virus oder Bakterium trägt viele verschiedene solcher Erkennungszeichen.

Einige Nachkommen der selektierten Klone bleiben als zirkulierende *B*-Lymphocyten erhalten. Sie bilden das Gedächtnis des Immunsystems und sorgen bei neuerlichem Kontakt mit demselben Antigen für eine schnellere Immunreaktion. Die Gedächtniszellen sind für die Immunität verantwortlich, die sich auf viele Infektionen hin oder aufgrund einer Impfung entwickelt.

Andere Zellen aus den selektierten *B*-Zell-Klonen durchlaufen eine Enddifferenzierung: Sie werden größer, teilen sich nicht mehr und widmen sich sozusagen mit ganzer Kraft der Antikörperproduktion. In diesem Stadium werden sie als Plasmazellen bezeichnet. Sie leben zwar nur noch einige Tage, geben aber große Mengen an Immunglobulinen ab.

wirkungen lenken es an die Antigenbindungsstelle des Antikörpers, wo es genau in eine Tasche der Oberfläche paßt. Wie es sich während der Annäherung an die Bindungsstelle ausrichtet (Mitte oben), läßt sich aus Berechnungen von Elizabeth D. Getzoff, John A. Trainer und Arthur J. Olson vom Forschungsinstitut der Scripps-Klinik schließen. Ihre Kalkulation basiert auf der atomaren Struktur des Antikörper-Hapten-Komplexes, die von Eduardo A. Padlan, Gerson H. Cohen und David R. Davis von den National Institutes of Health bestimmt wurde. Das Grundgerüst des Proteins und des sich nähernden Haptenmoleküls ist von einem Schwarm farbiger Punkte umhüllt, der die für Wassermoleküle zugängliche Oberfläche darstellt. Von einem anderen Hapten – es sitzt eingeklemmt an der Antigenbindungsstelle direkt unterhalb des ersten Haptens – ist nur das Skelett angegeben. Die Farbe der Punkte kennzeichnet das berechnete elektrostatische Potential von verschiedenen Regionen der Moleküloberfläche: Blau entspricht dem positiven, rot dem negativen Maximum des Potentials. Die Pfeile geben die Richtung des elektrostatischen Feldes an, ihre Farben das elektrostatische Potential an ihren Ursprungspunkten. Das Bild wurde mit Hilfe zweier Programme erstellt: mit GRAMPS, entwickelt von Olson und T. J. O'Donnell von den Abbot-Laboratorien, und mit GRANNY, geschrieben von Olson und Michael L. Connolly von der Scripps-Klinik.

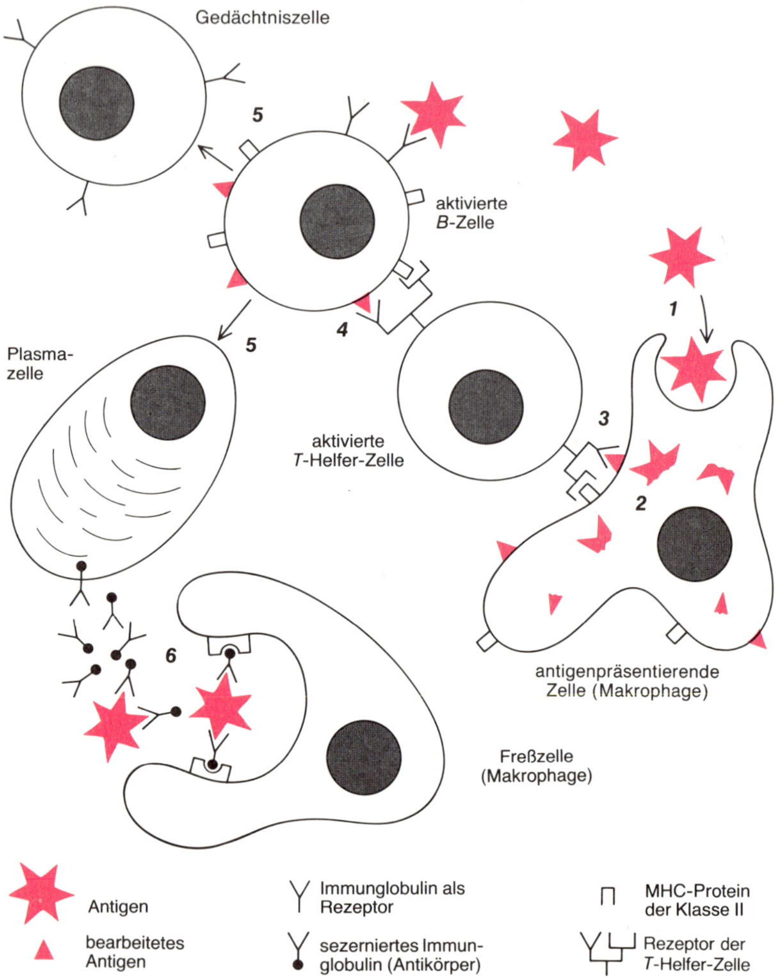

Antikörpermoleküle können einen fremden Organismus nicht direkt vernichten, sie markieren ihn nur als Angriffsziel für andere, zerstörende Abwehrsysteme. Eines davon ist das Komplementsystem. Es umfaßt mehr als ein Dutzend verschiedene Proteine, die nacheinander auf der Oberfläche einer Zelle aktiviert werden, wenn diese mit Antigen-Antikörper-Komple-

Bild 2 Eine Infektion mobilisiert mehrere kooperierende Populationen von Immunzellen. Die *B*-Zellen tragen Immunglobuline als Oberflächenrezeptoren, die zirkulierende Antigene erkennen und sie binden. Im allgemeinen jedoch werden sie allein davon nicht aktiviert. Zuerst muß das Antigen von einer antigenpräsentierenden Zelle aufgenommen werden (1); diese Funktion kann ein Makrophage übernehmen. Das Antigen wird von ihm bearbeitet (2) und erscheint dann an seiner Oberfläche. Wenn eine *T*-Helferzelle es erkennt, wird sie aktiviert (3) und aktiviert ihrerseits *B*-Zellen, die das gleiche bearbeitete Antigen tragen (4). Diese *B*-Zellen vermehren sich und differenzieren sich aus (5): Einige Nachkommen werden zu Gedächtniszellen, die bei neuerlicher Infektion eine schnellere Immunreaktion ermöglichen, andere entwickeln sich zu antikörperausscheidenden Plasmazellen. Die freien Antikörper (ebenfalls Immunglobuline) binden sich an das Antigen und markieren es damit für die Zerstörung durch andere Elemente des Immunsystems, unter anderem durch Makrophagen (6).

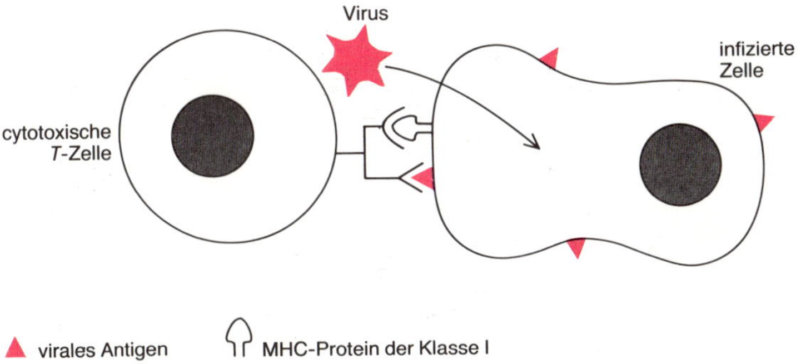

Bild 3 Virusinfektionen rufen andere Elemente des Immunsystems auf den Plan. Dringt ein Virus in eine Zelle ein, so bleiben virale Proteine in der Zellmembran zurück. Cytotoxische *T*-Zellen (Killerzellen) erkennen spezifisch solche fremden Moleküle, die zusammen mit charakteristischen wirtseigenen Proteinen dargeboten werden, und zwar mit den Klasse-I-Proteinen des Haupthistokompatibilitätskomplexes (englisch *major histocompatibility complex*, abgekürzt MHC). Die infizierte Zelle wird dann von der cytotoxischen *T*-Zelle getötet.

xen besetzt ist. Die Komplementproteine sorgen letztlich für eine Perforation der Zellmembran.

Antigen-Antikörper-Komplexe ziehen auch Makrophagen an, die fremde Partikel verschlingen und verdauen. Eine Reihe anderer Zellen kann ebenfalls an der Immunreaktion beteiligt sein.

Struktur von Antikörpern

Wie erkennt nun ein Antikörpermolekül sein Antigen? Die Antwort brachte die Analyse der Aminosäuresequenz und der Raumstruktur dieser Moleküle. Ein charakteristisches Antikörpermolekül besteht aus vier Polypeptidketten: zwei identischen leichten Ketten von ungefähr 220 Aminosäuren Länge und zwei identischen schweren Ketten von 330 oder 440 Aminosäuren Länge (Bilder 4 und 5). Alle vier sind über Disulfidbrücken und nichtkovalente Bindungen zu einem Y-förmigen Molekül verbunden.

Gemeinsames Bauelement der schweren wie der leichten Kette ist eine strukturelle Untereinheit, eine Domäne, von rund 110 Aminosäuren Länge. Es sieht also so aus, als ob sich im Laufe der Evolution ein Gen für ein etwa so großes Urprotein wiederholt verdoppelt und verändert und auf diese Weise die längeren Gene beider Immunglobulinketten hervorgebracht hat. Eine leichte Kette enthält zwei etwas verschiedene Kopien der Domä-

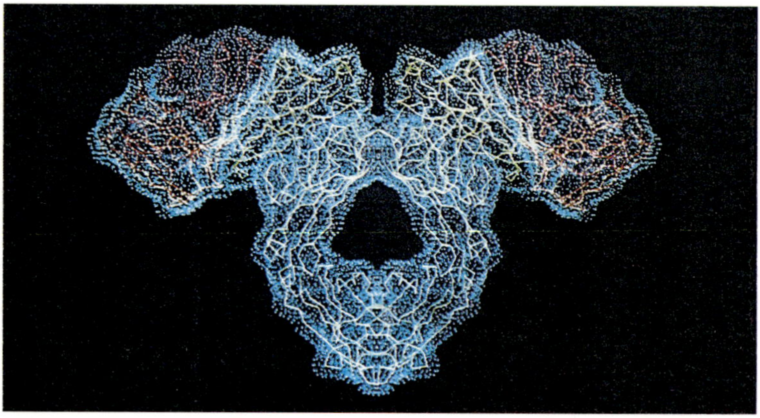

Bild 4 Typische Antikörpermoleküle bestehen aus vier Polypeptidketten, die zusammen eine Y-förmige Struktur erzeugen. Den Stamm des Ypsilons bilden zwei schwere Ketten (blaue Oberflächen), die sich bis in die beiden Arme erstrecken; zwei leichte Ketten (grüne Oberflächen) beschränken sich nun auf die Arme. Jedes Polypeptid besitzt konstante Regionen (weiß und gelb) und variable (rot). Alle Antikörper eines bestimmten Typs haben dieselben konstanten Regionen, während sich die variablen Regionen von einem *B*-Zell-Klon zum anderen unterscheiden. Am Ende jeden Armes sind die variablen Regionen der schweren und leichten Kette zu einer Antigenbindungsstelle gefaltet. Die Computerzeichnung hat Olson mit Hilfe derselben Programme erstellt, die auch für die Darstellung der Antigenbindung in Bild 1 benutzt wurden.

ne, eine schwere Kette drei oder vier (Bild 5). Sämtliche Kopien falten sich räumlich weitgehend gleich auf.

Bei den schweren wie den leichten Ketten unterscheidet sich die Domäne am Aminoende – das als erstes synthetisiert wird – entscheidend von den anderen. Hier sind die meisten Veränderungen in der Aminosäuresequenz zu finden. Man unterscheidet daher variable und konstante Regionen. Im Antikörpermolekül nehmen diese variablen Bereiche die äußere Hälfte eines jeden Y-Arms ein. Sie stammen jeweils von einer schweren und einer leichten Kette.

In jeder variablen Region gibt es drei kleine Abschnitte, wo die Aminosäuresequenzen besonders stark variieren. Diese „hypervariablen" Teile legen sich an den Enden beider Arme zu einer taschenartigen Vertiefung, der Bindungsstelle für das Antigen, zusammen. Die Spezifität des Moleküls hängt von der Form der Tasche und von den Eigenschaften der chemischen Gruppen ab, die ihre Wände auskleiden. Welcher Antikörper wel-

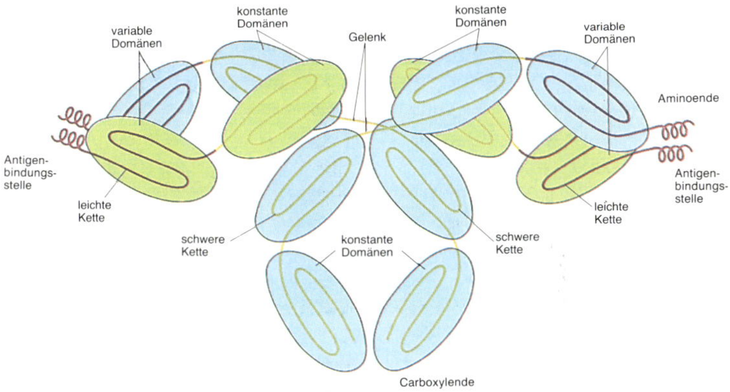

Bild 5 Ein Antikörper ist aus sich wiederholenden Domänen aufgebaut, das sind unabhängige Faltungseinheiten der Polypeptidketten. Eine leichte Kette besteht aus zwei solcher Domänen, die hier gezeigten schweren Ketten besitzen vier davon. In der Domäne ist die Polypeptidkette auf charakteristische Weise gefaltet: Einige Abschnitte darin bilden eine sogenannte Beta-Faltblattstruktur. Die variable Region jeder Kette beschränkt sich auf eine einzige Domäne am Aminoende. In ihr gibt es drei Schleifen (die hypervariablen Regionen), die zur Antigenbindungsstelle beitragen. Die Domänenstruktur ist hier stark schematisch wiedergegeben, die Kette in Wirklichkeit komplizierter gefaltet. Ähnliche Domänen kommen in den Rezeptoren der *T*-Zellen vor (Bild 8) sowie in den Proteinen des Haupthistokompatibilitätskomplexes (MHC), welche die körpereigenen Zellen kennzeichnen. Alle drei Molekülfamilien haben sich wohl aus einem gemeinsamen Vorfahren entwickelt.

ches Antigen erkennt, wird also hauptsächlich von der Aminosäuresequenz in den hypervariablen Regionen bestimmt.

Aber selbst in den konstanten Regionen stimmen nicht alle Moleküle überein. So existieren bei Säugern für die leichten Ketten zwei Typen von konstanten Regionen: Sie werden mit den griechischen Buchstaben Kappa und Lambda gekennzeichnet. Bei den schweren Ketten kennt man fünf Typen konstanter Regionen: Mü, Delta, Gamma, Epsilon und Alpha. (Sie bestimmen die Klassenzugehörigkeit.) Antikörper mit denselben variablen Regionen, aber anderen Klassen von schweren Ketten erkennen zwar dieselben Antigene, haben aber unterschiedliche Funktionen bei der Immunantwort. Beispielsweise besitzen die membrangebundenen Antikörper, die als *B*-Zell-Rezeptoren fungieren, Mü- oder Delta-Ketten. Die Antikörper hingegen, die auf einen Antigenkontakt hin ausgeschüttet werden, enthalten zumeist Gamma- oder Alpha-Ketten.

Worauf beruht die Vielfalt?

Viele Jahre lang gab es zwei konkurrierende Theorien zur genetischen Grundlage der Antikörpervielfalt. Die eine besagt, daß in der Keimbahn (das ist die Gesamtheit aller Gene, die von einer Generation auf die nächste weitergegeben werden) für jedes Polypeptid, das in einem Antikörper erscheint, ein eigenes Gen vorhanden sein müsse. Demnach würden die Immunglobulingene genauso wie alle anderen Proteingene exprimiert. Die Keimbahntheorie verlangt zwar keine speziellen genetischen Bearbeitungsmechanismen, setzt aber enorm viele Immunglobulingene voraus.

Nach der zweiten Theorie gibt es nur eine begrenzte Anzahl von Antikörpergenen in der Keimbahn. Sie sollten sich dann irgendwie in vielfältiger Weise verändern, während sich die *B*-Lymphocyten aus ihren Stammzellen entwickeln. Die Vielfalt entstünde nach dieser Theorie in somatischen Zellen, Körperzellen also, und nicht in Keimzellen, also Ei- und Samenzellen.

Eine interessante Variante der Keimbahntheorie stellten 1965 William J. Dreyer und J. Claude Bennett vom California Institute of Technology auf. Für jeden Typ Antikörperketten soll die Keimbahn demnach viele *V*-Gene enthalten – nämlich für jede mögliche variable Region (daher *V*) eines –, aber nur ein einziges *C*-Gen für die konstante Region (abgekürzt *C*, nach englisch *constant*). Während der Reifung wählt die Zelle zufällig eines der *V*-Gene aus und vereinigt es mit dem *C*-Gen zu einem einzigen DNA-Stück, das die Information für die vollständige Kette enthält.

Das Dreyer-Bennett-Modell weist gewisse Vorzüge auf, die es besonders attraktiv machen. Es verlangt keine riesigen DNA-Mengen für die

Antikörpergene, und es bietet eine natürliche Erklärung dafür an, wie Antikörper in einem Strukturteil stark variieren, in anderen aber konstant bleiben können.

Bis Mitte der siebziger Jahre stand jedoch seiner Anerkennung vor allem eines im Wege: Es benötigte Mechanismen, welche Gene in den somatischen Zellen irgendwie neu ordnen können. Kein einziger solcher Mechanismus war aber bekannt, und viele Wissenschaftler hielten es für unwahrscheinlich, daß überhaupt welche existieren. Daß ein Gen immer für ein Polypeptid codiert und das Genom während der gesamten Entwicklung eines Organismus unverändert bleibt, wurde damals als allgemein erwiesenes Prinzip der Biologie angesehen.

In den nachfolgenden Jahren hat sich nun mittels der neuartigen gentechnologischen Untersuchungsmöglichkeiten herausgestellt, daß die Immunglobulingene tatsächlich eine somatische Rekombination durchlaufen – aber auf eine viel kompliziertere Art, als Dreyer und Bennett vorgeschlagen hatten. Aus diesen komplexen Um- und Neuordnungen geht die große Vielfalt der *V*-Regionen hervor.

Kombinationen, Ungenauigkeiten und Mutationen

Den ersten Hinweis auf eine somatische Rekombination bei Immunglobulingenen entdeckte 1976 Nobumichi Hozumi gemeinsam mit mir. Wir arbeiteten damals am Institut für Immunologie in Basel mit Restriktionsenzymen, die DNA-Moleküle an spezifischen Stellen durchschneiden. Die Ergebnisse zeigten, daß bei embryonalen Mäusezellen die für die *V*- und *C*-Regionen der leichten Ketten codierenden DNA-Sequenzen einigen Abstand zueinander haben, bei einer reifen, Antikörper sezernierenden Zelle aber viel enger beieinander liegen. (Wir nahmen dazu keine normalen reifen *B*-Zellen, sondern Zellen aus einem Myelom, einem Lymphocytenkrebs. Solche entarteten Zellen lassen sich viel besser in Kultur halten.)

Wie das Umordnen der Immunglobulin-DNA-Sequenzen geschieht, zeigte sich, als DNA-Fragmente in Bakterien kloniert (vermehrt) und schließlich analysiert wurden. Die ersten derartigen Experimente führten Ora Bernard und ich in Basel aus, und zwar in Zusammenarbeit mit Allan Maxam und Walter Gilbert von der Harvard-Universität. Wir verwendeten einen DNA-Klon, der embryonalen Mäusezellen entstammte, und bestimmten die Nucleotidsequenz eines Abschnittes, der das *V*-Gen einer leichten Lambda-Kette enthielt. Zu unserer Überraschung fehlten die Nucleotide, die den letzten 13 Aminosäuren der variablen Region entsprechen.

Christine Brack aus meinem Labor entdeckte sie dann: Tausende von Basenpaaren von dem DNA-Abschnitt für die restliche *V*-Region entfernt und rund 1300 Basenpaare „stromaufwärts" vor der *C*-Region (Bild 6 oben). Dieses kurze Stück erhielt wegen seiner verbindenden (englisch: *joining*) Funktion die Bezeichnung *J*-Segment. Jede leichte Lambda-Kette wird durch Kombination der verstreut liegenden *V*-, *J*- und *C*-Abschnitte zusammengestellt.

Bald darauf wurden auch die leichte Kappa-Kette und die variable Region der schweren Kette auf ähnliche Weise analysiert. An diesen Arbeiten waren verschiedene Laboratorien beteiligt, vor allem mein eigenes in Basel, das von Philip Leder an den amerikanischen National Institutes of Health und das von Leroy E. Hood am California Institute of Technology.

Auch die Kappa-Kette ist in *V*-, *J*- und *C*-Abschnitten verschlüsselt. Bei ihr gibt es, wie sich herausstellte, ein paar hundert *V*-Segmente mit etwas unterschiedlicher Aminosäuresequenz sowie vier verschiedene *J*-Segmente (Bild 6 Mitte). Die Multiplikation beider Zahlen ergibt die Anzahl der möglichen variablen Regionen für die Kappa-Ketten.

Die potentielle Vielfalt der schweren Ketten ist sogar noch größer. Zusätzlich zu den *V*- und *J*-Segmenten enthalten die Gene für die variable Region der schweren Kette noch ein drittes Stück, das den Buchstaben *D* erhielt (für englisch *diversity,* Vielfalt). Die Keimbahnzellen der Maus bei-

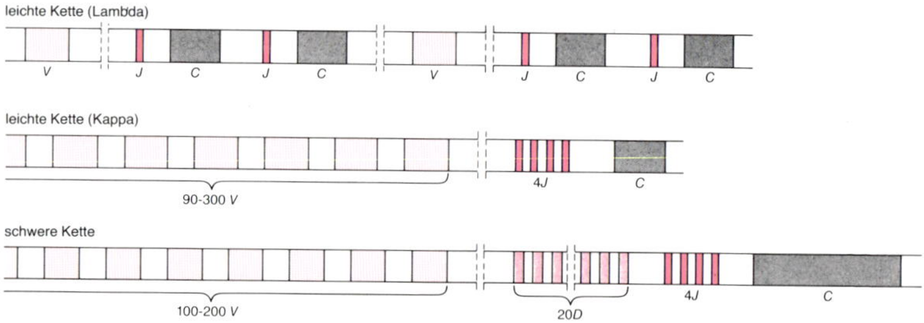

Bild 6 Die Gene für die verschiedenen Ketten der Antikörper sind in etliche kleine, weit auseinander liegende Stücke aufgeteilt. Bei Säugetieren gibt es zwei verschiedene Typen von leichten Ketten: Lambda und Kappa. Bei der leichten Lambda-Kette der Maus codieren zwei *V*-Gene für den größten Teil der variablen Region und vier *C*-Gene für die konstante Region. Vor jedem C-Gen befindet sich ein kurzer DNA-Abschnitt, das *J*-Segment (für englisch *joining*, verbindend), das die übrige variable Region bestimmt. Jedes *V*-Gen läßt sich mit jedem *J*-*C*-Paar kombinieren. Für die leichte Kappa-Kette existieren einige hundert *V*-, vier *J*-Segmente und ein einziges *C*-Gen. Die Gene für die schwere Ketten sind ähnlich organisiert, doch ist hier die DNA für die variable Region noch weiter unterteilt: Zusätzlich zu den *V*- und *J*-Abschnitten gibt es rund 20 *D*-Segmente (für englisch *diversity*, Vielfalt). Die Gene für die T-Zell-Rezeptoren sind ganz ähnlich wie die für die schweren Ketten aufgebaut.

spielsweise besitzen über hundert *V*-, rund 20 *D*- und vier *J*-Segmente, das heißt, im Prinzip existieren allein dafür weit über 10 000 Kombinationsmöglichkeiten (Bild 6 unten). Leichte und schwere Kette zusammen können wahrscheinlich mehr als 10 Millionen verschiedene Antigenbindungsstellen zustande bringen.

Die zusammenhängende Information für eine funktionsfähige Immunglobulinkette entsteht in zwei Schritten (Bild 7). Als erstes werden auf der DNA die *V*- und *J*-Abschnitte (im Falle einer leichten Kette) beziehungsweise die *V*-, *D*- und *J*-Segmente (im Falle einer schweren Kette) zusam-

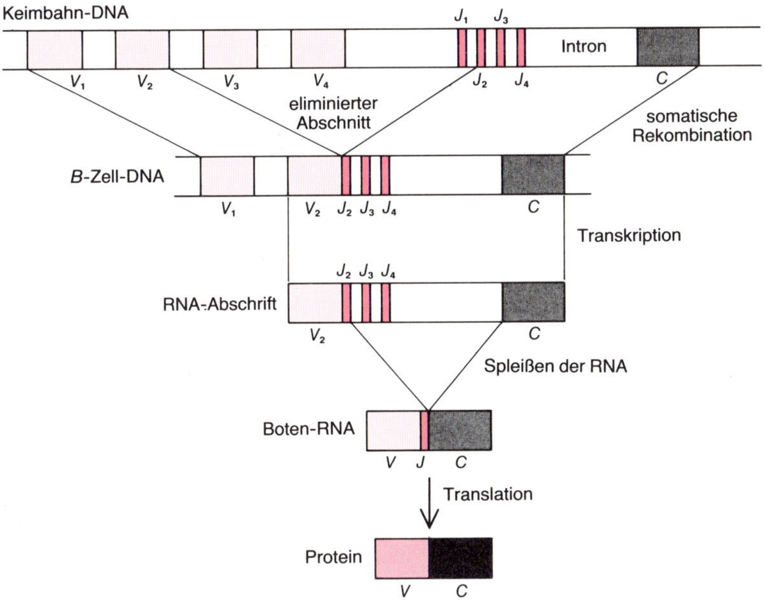

Bild 7 Ein Antikörpergen wird, wie hier am Beispiel einer leichten Kappa-Kette dargestellt, in zwei Schritten zusammengebaut. Als erstes werden zufällig ausgewählte *V*- und *J*-Abschnitte mit Hilfe von Enzymen verbunden, die sämtliche dazwischenliegende DNA eliminieren: hier das Stück mit V_3, V_4 und J_1, so daß V_2 und J_2 zusammenkommen. Als nächstes wird die DNA auf ganzer Länge vom Start des V_2-Gens bis zum Ende des *C*-Gens in RNA umgeschrieben. Standardspleißenzyme, die an der Expression vieler Gene beteiligt sind, schneiden dann die ganze RNA vom Ende des J_2-Segments bis zum Beginn des *C*-Gens heraus. Die zusammengespleißte Sequenz der reifen Boten-RNA (mRNA) wird schließlich in Protein übersetzt.

mengebracht. Dann wird die DNA in ein durchgehendes RNA-Molekül umgeschrieben: Es umfaßt den *V/J*- oder *V/D/J*-Komplex, das *C*-Gen sowie das Intron, das nichtcodierende Stück dazwischen. Schließlich wird das Intron samt den überflüssigen *J*-Elementen herausgeschnitten, die Boten-RNA (mRNA) aus dem Zellkern geschleust und in Protein übersetzt.

Dieser zweite Schritt beruht auf RNA-Spleißmechanismen, die vielen Familien eukaryotischer Gene gemeinsam sind. Der erste Schritt, bei dem die DNA selbst und nicht ihre RNA-Abschrift in hochspezifischer Weise verändert wird, ist weniger üblich und könnte sogar auf das Immunsystem beschränkt sein. Offensichtlich ist daran eine Gruppe von Enzymen beteiligt, die entfernte *V*-, *D*- und *J*-Abschnitte zusammenbringen können und die oftmals die gesamte DNA dazwischen entfernen.

Die Enzyme selbst sind noch nicht isoliert, doch hat man Signalsequenzen entdeckt, die wahrscheinlich ihre Aktivität steuern. So liegt direkt hinter jedem *V*-Gen der Kappa-Kette eine charakteristische Konstellation aus einem Heptamer – einer Gruppe aus sieben Nucleotiden – gefolgt von einem Spacer, einem „Abstandshalter", und einem Nonamer – einer Gruppe aus neun Nucleotiden. Direkt vor dem *J*-Segment befindet sich eine annähernd komplementäre Einheit, also Nonamer, Abstandshalter und Heptamer. Diese Einheiten könnten Enzymen, welche die Doppelhelix spalten und wieder verbinden, als Orientierungshilfe dienen. Ähnliche Signalsequenzen sind bei den Genen für die schweren Ketten zu finden, und zwar so angeordnet, daß beim Spleißen ein *D*-Segment zwischen die *V*- und *J*-Segmente eingeschlossen wird.

Die vielen Kombinationsmöglichkeiten, die sich aus mehreren hundert Genabschnitten ergeben, liefern den Schlüssel für die Vielfalt der Antikörper, doch tragen noch mindestens zwei weitere Dinge dazu bei. Erstens arbeitet die Maschinerie, welche die *V*-, *D*- und *J*-Abschnitte miteinander verbindet, etwas ungenau, so daß sich die Vereinigungsstelle um mehrere Basenpaare verschieben kann. Bei der Vereinigung werden zudem manchmal noch zusätzliche Basenpaare eingeschoben. Beides vermag die Aminosäuresequenz des Polypeptids zu ändern. Selbst wenn also zwei Antikörper aus derselben Kollektion von Genabschnitten hervorgehen, können sie etwas verschiedene Antigenbindungsstellen haben.

Zweitens wird die Vielfalt entscheidend durch somatische Mutationen vergrößert. Im Jahre 1970 bestimmte Martin Weigert – er arbeitete im Labor von Melvin Cohn am Salk Institute for Biological Studies in San Diego (Kalifornien) – die Aminosäuresequenz leichter Lambda-Ketten von 18 Mäusemyelomen. Alle Tiere gehörten demselben Inzuchtstamm an, hätten also genetisch identisch sein sollen. Tatsächlich waren auch 12 der 18 Lambda-Ketten identisch, die anderen sechs aber davon wie auch untereinander verschieden.

Die Abweichungen beruhten wahrscheinlich auf spontanen genetischen Veränderungen in den sich entwickelnden Zellen; überzeugende Indizien aber brachte erst die Klonierung und Sequenzierung der Immunglobulingene. Im Jahre 1977 konnten Brack und Bernard zeigen, daß der Inzuchtmäusestamm nur ein Keimbahngen für die *V*-Region der Lambda-Kette trägt und daß dessen Nucleotidsequenz der Aminosäuresequenz entspricht, die in 12 der 18 Myelome vorkommt. Die logische Folgerung daraus ist, daß die sechs Varianten durch somatische Mutation entstanden sind.

Inzwischen wurden auch mehrere Aminosäuresequenzen von Kappa-Ketten und schweren Ketten mit Keimbahnnucleotidsequenzen verglichen. In jedem Fall waren die Proteine vielfältiger als die Keimbahn-DNA. Die Mutationen treten in der variablen Domäne und in den unmittelbar benachbarten Regionen auf, nicht aber in den konstanten Domänen.

Der geschätzten Mutationsrate nach sollte sich alle drei bis dreißig Zellteilungen eine Veränderung in der *V*-Region ereignen. Dies liegt um einige Größenordnungen über der durchschnittlichen Mutationsrate eukaryotischer Gene. Die *B*-Zellen oder ihre Vorläufer scheinen daher eine spezielle Ausstattung von Enzymen zu besitzen, die in der variablen Region von Immunglobulingenen Mutationen induzieren. Wie diese Enzyme aussehen, ist bislang gänzlich unklar.

Das Faszinierende ist, daß kombinatorische wie auch mutationserzeugende Prozesse zur Vielfalt der Antikörpergene beitragen. Warum haben sich im Laufe der Evolution zwei Systeme mit demselben Zweck entwickelt? Eine plausible Erklärung deuten neuere Untersuchungen an. Beide Mechanismen scheinen während der Individualentwicklung der *B*-Lymphocyten unter strenger Kontrolle zu stehen.

Als erstes werden die verschiedenen Abschnitte der Immunglobulingene rekombiniert. Dieser Prozeß ist um den Zeitpunkt herum abgeschlossen, wenn die Zellen erstmals in Kontakt mit Antigenen kommen. Er hat eine Zellpopulation mit einer großen Variationsbreite in der Spezifität hervorgebracht, aus der jedes gegebene Antigen nur wenige Zellen selektiert. Während der Proliferation dieser ausgewählten *B*-Zell-Klone beginnt der Mutationsmechanismus tätig zu werden. Er verändert einzelne Nucleotidbasen und besorgt so die Feinabstimmung der Immunantwort: Es entstehen Immunglobulingene, deren Produkte genauer zum Antigen passen.

Wie stark die ungenaue Vereinigung der DNA-Abschnitte, der Einbau zusätzlicher Basen und die somatischen Mutationen die Antikörpervielfalt erhöhen, läßt sich nur schwer quantitativ erfassen; vergrößert sich aber die Anzahl unterschiedlicher Antigenbindungsstellen gewiß auf das Hundertfache, wahrscheinlich sogar mehr. Wenn also die kombinatorischen Prozesse allein schon zehn Millionen verschiedene Antikörper hervorbringen, könnte die Gesamtzahl gut mehr als eine Milliarde erreichen.

Da *B*-Zellen und ihre antikörperproduzierende Maschinerie bereits so kompliziert sind, ist es etwas entmutigend, daß sie erst das halbe Immunsystem ausmachen. Die *T*-Zellen sind nicht minder komplex und für die immunologische Kompetenz unerläßlich. Ein Tier ohne *T*-Zellen kann gegen die meisten Antigene keine wirkungsvolle Immunantwort aufbauen, auch wenn seine *B*-Zellen unversehrt sind.

Die *T*-Zellen und ihr Rezeptor

Man kennt drei Subpopulationen von *T*-Zellen. Sie sehen alle gleich aus, unterscheiden sich aber in ihren Funktionen (Bilder 2 und 3). Die eine umfaßt die cytotoxischen *T*-Zellen, die Killerzellen, die ihre Zielzellen auf noch nicht geklärte Weise direkt töten. Eine aktivierte cytotoxische *T*-Zelle heftet sich zwar an ihr Angriffsziel, verschlingt es aber nicht (wie es ein Makrophage, eine Freßzelle, tut); sie erzeugt eine tödliche Verletzung.

Die beiden anderen Unterpopulationen, die Helferzellen und die Suppressorzellen, haben eine regulatorische Funktion. Wenn die Helferzellen ein Antigen erkennen, stimulieren sie andere Teile des Immunsystems, darunter die *B*-Zellen und sonstige, für dasselbe Antigen spezifische *T*-Zellen. Die Suppressorzellen wirken genau entgegengesetzt, das heißt, sie schwächen die Aktivität derselben Zellgruppen ab.

Der Name Helferzellen läßt an eine unterstützende und untergeordnete Rolle denken, so als würden sie nur eine Reaktion fördern, die auch ohne sie stattfände. Tatsächlich aber dürften die Helfer-*T*-Zellen die Schlüsselrolle im Immunsystem spielen. *B*-Zellen beispielsweise erkennen Antigene unabhängig von der *T*-Zell-Stimulation, aber sie müssen gewöhnlich von Helferzellen aktiviert werden, damit sie proliferieren und sich ausdifferenzieren können.

Die Suppressorzellen scheinen wohl genauso wichtig zu sein: indem sie für die negative Rückkopplung sorgen, durch die sich die Immunreaktion selbst Zügel anlegt. Sie könnten auch an der Elimination von *B*- und *T*-Zellen beteiligt sein, die gegen körpereigene Strukturen gerichtet sind.

Da die *T*-Zellen antigenspezifisch sind, müssen sie Rezeptormoleküle tragen, analog den membrangebundenen Immunglobulinen der *B*-Zellen. Dies wurde zwar bereits vor mehr als 20 Jahren erkannt, aber die *T*-Zell-Rezeptoren erwiesen sich als schwer zu analysieren oder auch nur zu identifizieren, denn sie werden nicht wie Antikörper in großen Mengen ausgeschüttet.

Erstmals zu fassen bekamen sie James P. Allison von der Universität von Texas in Austin, John W. Kappler vom National Jewish Hospital in Denver (Colorado) und Ellis L. Reinherz von der Medizinischen Fakultät der Harvard-Universität. Sie präparierten Antikörper, die sich an ein Protein auf der Oberfläche der *T*-Zellen binden; das derart identifizierte Protein wurde als recht guter Rezeptoranwärter angesehen, da seine Struktur von Zellklon zu Zellklon variiert. Es ist ungefähr ein Drittel kleiner als ein Immunglobulin und besteht aus zwei Ketten, die mit den griechischen Buchstaben Alpha und Beta gekennzeichnet werden.

Tak W. Mak und seine Mitarbeiter an der Universität Toronto sowie Mark M. Davis und seine Kollegen an der Medizinischen Fakultät der Stanford-Universität klonierten und sequenzierten 1984 ein Gen, das in *T*-, nicht aber in *B*-Zellen exprimiert und neu zusammengestellt wird. Mak arbeitete mit Zellen einer menschlichen *T*-Zell-Leukämie und Davis mit einem Hybridom, einer Zell-Linie, die durch Fusion von Mäusehelferzellen mit malignen *T*-Zellen erzeugt worden war. Trotz ihrer unterschiedlichen Herkunft codieren beide Gene, wie sich herausstellte, für dasselbe Protein.

Die von Mak und Davis analysierten Nucleotidsequenzen sind mit denen der Immunglobulingene homolog, und es existieren auch globale Merkmale, die eine Familienähnlichkeit mit den Immunglobulinen anzeigen. Die Gene sind in verstreut liegende Abschnitte unterteilt, die in der sich entwickelnden *T*-Zelle neu geordnet werden können. Ihre „vorderen" Abschnitte (sie entsprechen dem zum Aminoende hin gelegenen Bereich des Polypeptids) sind variabel, die hinteren dagegen haben eine konstante Sequenz (Bild 8). Wie die membrangebundenen Immunglobuline enthält das Proteinmolekül nahe an seinem Carboxylende eine Reihe hydrophober (wasserabweisender) Aminosäuren, die es in der Membran verankern. Eine direkte Bestimmung der Aminosäuresequenz durch Reinherz und seine Mitarbeiter hat inzwischen bestätigt, daß die beiden Gene für die Beta-Untereinheit des *T*-Zell-Rezeptors codieren.

Zwei weitere *T*-Zell-DNA-Klone wurden isoliert, und zwar von Haruo Saito in meinem Labor am Massachusetts Institute of Technology und von David M. Kranz am Labor von Herman N. Eisen, ebenfalls am MIT. In diesem Fall kamen die Gene aus cytotoxischen Mäuse-*T*-Zellen. Trotzdem stimmt der hintere Abschnitt der einen DNA-Sequenz im wesentlichen mit dem Gen für die konstante Region der Beta-Kette von Helferzellen überein. Die zweite DNA-Sequenz hat eine Reihe von Eigenschaften mit den Genen für die Beta-Kette gemein. Sie ist Immunglobulingenen homolog, besteht aus Abschnitten, die nur in *T*-Zellen neugeordnet und exprimiert werden, und besitzt einen Bereich für den hydrophoben Anker. Die logische Hypothese daraus war, daß dieses Gen für die Alpha-Kette des Rezeptormoleküls codiert.

Kurz darauf isolierte aber Saito aus demselben Klon cytotoxischer *T*-Zellen ein drittes Gen. Es besitzt ebenfalls alle von einem *T*-Zell-Rezeptor zu erwartenden Eigenschaften; doch zu seinen Gunsten spricht noch mehr.

Die parallel mit der Genklonierung durchgeführte chemische Analyse des Proteins ergab, daß der Rezeptor Kohlenhydratseitenketten besitzt, die über die Aminosäure Asparagin mit ihm verbunden sind. Dem früheren Alpha-Ketten-Anwärter fehlen geeignete Asparagineinheiten, der neue hingegen besitzt mehrere in passenden Positionen. Eine Teilsequenzierung der Alpha-Protein-Untereinheit durch Kappler und seine Mitarbeiter bestätigte, daß der dritte DNA-Klon das wahre Gen für die Alpha-Kette ist. Das gleiche Gen wurde auch von Y.-H. Chien und anderen in Davis' Labor in Stanford aus einem Helferzellhybridom isoliert.

Damit ist das zweite von Saito und Kranz gefundene Gen – der verworfene Alpha-Ketten-Kandidat – scheinbar ohne Funktion. Es ist jedoch so eng mit den anderen Genen verwandt, daß es fast mit Sicherheit irgendeine Rolle bei der Erkennung von Antigenen spielt. Es codiert vermutlich für ein Protein, das man jetzt als Gamma-Kette bezeichnet. Ich werde später noch auf seine mögliche Funktion eingehen.

Aus den Nucleotidsequenzen für die Alpha- und Beta-Ketten läßt sich die Struktur des *T*-Zell-Rezeptors weitgehend ableiten. Jede Kette besteht aus zwei Domänen, die in ihrer Gesamtstruktur der sich wiederholenden Domäne der Immunglobuline ähneln (Bild 8). Der Homologiegrad zu den Immunglobulinen bewegt sich zwischen 25 und 35 Prozent. Die beiden Ketten sind über eine Disulfidbrücke zwischen ihrer konstanten Region und ih-

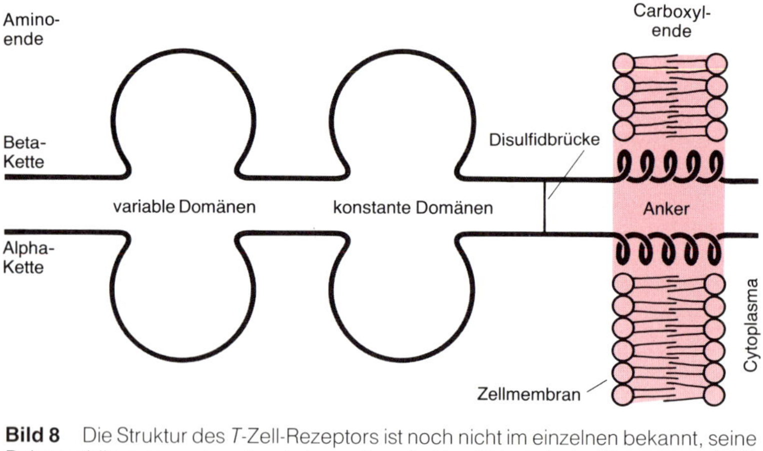

Bild 8 Die Struktur des *T*-Zell-Rezeptors ist noch nicht im einzelnen bekannt, seine Polypeptidkomponenten aber hat man bereits identifiziert. Jedes Rezeptormolekül enthält eine Alpha- und eine Beta-Kette, jede Kette wiederum eine konstante und eine variable Domäne. Eine an hydrophoben Aminosäuren reiche Region verankert das Protein in der Zellmembran.

rem Membrananker verbunden. Moleküle aus Helferzellen und cytotoxischen *T*-Zellen haben in ihren Alpha- und Beta-Ketten identische konstante Regionen.

Auch in ihrer Molekulargenetik ähneln die *T*-Zell-Rezeptoren verblüffend Immunglobulinen. Die variablen Regionen beider Rezeptorketten sind in drei den *V*-, *D*- und *J*-Segmenten entsprechenden Abschnitten verschlüsselt, die sich in den Keimzellen über ein Chromosom verteilen, in reifen *T*-Lymphocyten aber miteinander verbunden sind. Die den Immunglobulingenteilen benachbarten Heptamer-Nonamer-Signalsequenzen sind ebenfalls in der Nähe der Genteile für den *T*-Zell-Rezeptor zu finden – ein Hinweis darauf, daß die somatische Rekombination von dem gleichen oder zumindest einem sehr ähnlichen Enzymsystem bewerkstelligt wird.

Die „Selbst"-Erkennung

Angesichts all dieser genetischen Ähnlichkeiten zwischen Immunglobulinen und *T*-Zell-Rezeptoren darf man wohl mit gutem Grund annehmen, daß die beiden Proteine auch ihre Antigene auf gleiche Weise erkennen. Die *T*-Zell-Rezeptoren können also eine Antigenbindungsstelle haben, die von den variablen Regionen der Alpha- und Beta-Ketten gebildet wird, und zwar von Gruppen hochvariabler, in spezifischen Bereichen lokalisierter Aminosäuren. Dies ist eine verlockende Hypothese, denn sie erklärt die Erkennungsfähigkeiten beider Proteine auf dieselbe Weise.

Aber auch wenn sich die Hypothese als richtig erweisen sollte, kann sie doch nicht alles erklären. Denn die Bedingungen, unter denen die beiden Teile des Immunsystems ihre Antigene erkennen, sind verschieden. Eine *B*-Zelle kann schon auf Antigene allein reagieren, die *T*-Zellen eines Individuums aber werden nur dann aktiviert, wenn das Antigen auf der Oberfläche einer Zelle sitzt, die auch körpereigene Marker trägt.

Hier kommen die Moleküle ins Spiel, die die Identität eines Individuums kennzeichnen. Es sind dies Proteine, die von einer großen Ansammlung von Genen, dem Haupthistokompatibilitätskomplex (englisch *major histocompatibility complex*, abgekürzt MHC), codiert werden. Sie bilden eine dritte Klasse von Proteinen mit einer lebenswichtigen Rolle bei der Immunerkennung.

Die MHC-Proteine wurden bei experimentellen Gewebetransplantationen entdeckt. Sind Spender und Empfänger eines Transplantats nicht genetisch identisch (wie das bei eineiigen Zwillingen oder bei Mäusen eines Inzuchtstammes der Fall ist), so wird es im allgemeinen abgestoßen. Denn der Empfänger entwickelt eine Immunreaktion gegen die MHC-Proteine des Spenders.

Die verbreitete Abstoßung von fremdem Gewebe bedeutet, daß nicht verwandte Individuen fast immer verschiedene Gruppen von MHC-Genen exprimieren. Tatsächlich sind die MHC-Proteine – neben den Immunglobulinen und den *T*-Zell-Rezeptoren – die vielfältigsten, die man kennt. Antikörper und *T*-Zell-Rezeptoren variieren von Zelle zu Zelle, MHC-Proteine hingegen von Individuum zu Individuum.

Zwei Klassen von MHC-Proteinen hat man identifiziert. Moleküle der Klasse I bestehen aus einer großen Polypeptidkette (ungefähr so groß wie eine schwere Immunglobulinkette), die mit einer viel kleineren Untereinheit, dem sogenannten Beta-2-Mikroglobulin, verbunden ist. Sie kommen auf fast allen Zellen vor. Die MHC-Proteine der Klasse II erscheinen hingegen nur auf einigen an der Immunantwort beteiligten Zelltypen wie den *B*-Lymphocyten, Makrophagen und spezialisierten Epithelzellen. Auch diese Moleküle setzen sich aus zwei Polypetidketten zusammen. Beide sind ungefähr so groß wie eine leichte Immunglobulinkette. Alle MHC-Polypeptide zeigen eine gewisse Homologie zu den Immunglobulinen, die Ähnlichkeit ist aber nicht so stark wie die zwischen *T*-Zell-Rezeptoren und Immunglobulinen.

Da eine Gewebeübertragung zwischen Individuen in der Natur kaum vorkommt, kann die Transplantatabstoßung nicht die Hauptaufgabe der MHC-Proteine sein. Ihre eigentliche Funktion haben sie woanders im Immunsystem, sie steuern nämlich die Reaktionen der *T*-Zellen. Eine *T*-Zelle erkennt ein Antigen, wenn es zusammen mit einem Selbst-MHC-Protein auf der Oberfläche derselben Zelle auftritt. Daß beide Signale zusammen zur Erkennung erforderlich sind, bezeichnet man als MHC-Restriktion (Bild 9). Cytotoxische *T*-Zellen reagieren auf eine Kombination aus Antigen und einem MHC-Protein der Klasse I; *T*-Helfer-Zellen brauchen ein Protein der Klasse II.

Was für einen Nutzen zieht der Organismus aus der MHC-Restriktion? Sie lenkt doch die Aktivitäten der *T*-Zellen auf körpereigene Zellen und nicht auf Bakterien oder freie Fremdmoleküle. Eine plausible Erklärung ist, daß sich die cytotoxischen Zellen, die Killerzellen, zum Schutz gegen Virusinfektionen entwickelt haben. Eine Zelle, in die ein Virus eingedrungen ist, trägt vom viralen Genom codierte Hüllproteine auf ihrer Plasmamembran. Sie zeigt also genau das richtige Muster an Oberflächenmarkern, um von *T*-Zellen erkannt zu werden: ein fremdes Molekül in Kombination mit eigenen, individuellen Proteinen. Eine cytotoxische Zelle, die nun das virale Antigen und eines der Klasse-I-Proteine erkennt, kann die infizierte Zelle töten, ehe sich das Virus vermehrt.

Die Proteine der Klasse II und die regulatorischen *T*-Zellen haben sich vielleicht entwickelt, damit die Immunantwort effizienter wird. Helferzellen lassen sich von anderen Zellen aktivieren, die zirkulierende Antigene

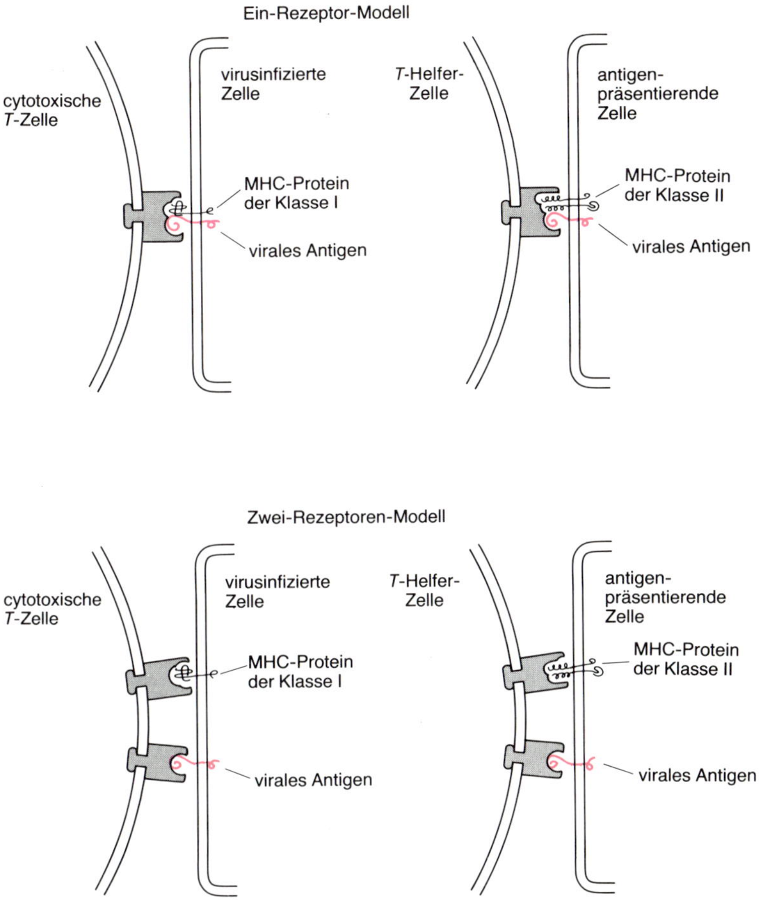

Bild 9 Das Rezeptorsystem der *T*-Zelle reagiert nicht – wie ein Antikörpermolekül – auf ein Antigen allein: Dieses muß an der Oberfläche einer Zelle dargeboten werden, die zugleich eines der Proteine des Haupthistokompatibilitätskomplexes (MHC) trägt. Cytotoxische *T*-Zellen erkennen ein Antigen in Verbindung mit einem auf fast allen Körperzellen vorkommenden MHC-Protein der Klasse I. *T*-Helfer-Zellen binden sich dagegen an ein Antigen, das mit einem MHC-Protein der Klasse II assoziiert ist; diese Moleküle kommen nur auf Zellen des Immunsystems wie Makrophagen und Lymphocyten vor. Noch unklar ist, ob die *T*-Zellen einen Rezeptor mit zwei Bindungsstellen besitzen oder zwei getrennte Rezeptormoleküle.

aufnehmen und zusammen mit MHC-Proteinen der Klasse II auf ihrer Oberfläche präsentieren. Die auf *B*-Lymphocyten und Makrophagen vorhandenen Klasse-II-Proteine könnten den Schlüssel dafür liefern, wie Helferzellen mit beiden Zellen kommunizieren und sie dabei zu einer Immunantwort heranziehen.

„Berufsausbildung" zu *T*-Zellen

Wenn eine *T*-Zelle zwei Oberflächenmarker erkennen muß, stellt sich zwangsläufig die Frage, ob sie dafür zwei getrennte Rezeptoren besitzt oder nur einen mit einer Doppelfunktion. Einige neuere Experimente scheinen für das Ein-Rezeptor-Modell zu sprechen, die Ergebnisse sind aber keineswegs schlüssig. Wenn doch noch ein zweiter Rezeptor gefunden werden sollte, könnte er vielleicht die „verwaiste" Gamma-Kette enthalten, die zwar alle von einem Rezeptorprotein erwarteten Eigenschaften aufweist, im Schema der *T*-Zell-Operationen aber noch keinen Platz hat.

Für die Gamma-Kette ist noch eine andere Funktion denkbar. Die *T*-Lymphocyten werden erst nach einer gewissen Aufenthaltszeit im Thymus reif und funktionsfähig, und eben diese thymale „Berufsausbildung" bringt sie dazu, Antigene nur in Kombination mit den körpereigenen MHC-Proteinen zu erkennen. Wie die Ausbildung geschieht, ist noch nicht endgültig geklärt, doch sind viele Immunologen der Meinung, daß als entscheidender Schritt eine Subpopulation unreifer *T*-Zellen selektiert werden muß, und zwar durch deren Wechselwirkung mit Selbst-MHC-Proteinen, die ihnen von Thymuszellen dargeboten werden.

Einer Modellvorstellung nach reagiert jede unreife *T*-Zelle nur auf ein bestimmtes MHC-Protein (oder auf eine kleine Gruppe davon), die Population als Ganzes umfaßt aber Zellen, die auf alle möglichen Marker ansprechen. Im Thymus dürfen sich dabei nur die Zellen vermehren und weiter differenzieren, die eine genügend hohe Affinität zu den körpereigenen MHC-Proteinen haben.

Damit dieses System funktioniert, müssen unreife *T*-Zellen die MHC-Moleküle allein, also ohne ein begleitendes Antigen, erkennen und auf sie reagieren können. Werden die reifen *T*-Zellen aus dem Thymus entlassen, so haben sie offenkundig diese Fähigkeit verloren, denn sonst würden sie die körpereigenen Gewebe angreifen. Worauf beruht dieser Wechsel in der Reaktivität?

Neuere Untersuchungen zeigen, daß unreife *T*-Zellen das Alpha-Gen gering exprimieren, die Beta- und Gamma-Gene aber stärker, so daß deren Proteine in größeren Mengen produziert werden. Auf diesen Befunden aufbauend haben David Raulet vom MIT und ich ein Modell der *T*-Zell-Entwicklung vorgeschlagen, das wir Umschalten von Gamma-Beta auf Alpha-Beta nennen. Danach besitzen unreife Zellen Rezeptoren, die aus einer Gamma- und Beta-Kette bestehen und nur auf MHC-Proteine reagieren (Bild 10). Im Laufe der Differenzierung wird das Gamma-Gen ab- und das Alpha-Gen angeschaltet, so daß die reifen Zellen Alpha-Beta-Rezeptoren haben. Diese Veränderung reduziert die Affinität der Zelle zu Selbst-MHC-Proteinen, löscht sie aber, da die Beta-Kette noch vorhanden ist, nicht völlig aus. Ein analoger Mechanismus ist in den roten Blutkörperchen am Werk, wenn sie von der fetalen auf die Adultform des Hämoglobins umschalten.

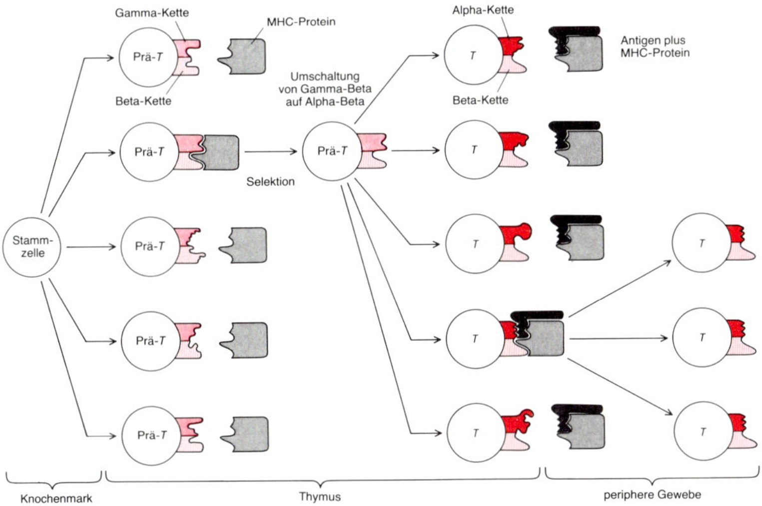

Bild 10 Die „Thymusausbildung“ ist für die Entwicklung funktionsfähiger *T*-Lymphocyten unerläßlich. David Raulet und der Autor haben eine mögliche Erklärung für diesen Prozeß vorgeschlagen. Gemäß ihrem Modell stellen unreife *T*-Zellen zuerst Rezeptoren her, die aus je einer Gamma- und Beta-Kette bestehen. Im Thymus werden die Lymphocyten mit MHC-Proteinen konfrontiert. Dort dürfen nur jene Zellen sich vermehren, deren Affinität zu diesen „Selbst“-Markern hinreichend groß ist. Würden die selektierten Zellen aber aus dem Thymus entlassen werden, so würden sie körpereigenes Gewebe angreifen. Die Affinität der Rezeptormoleküle für die Selbstantigene muß deshalb reduziert werden. Jeder Rezeptor behält die Beta-Kette des selektionierten Klons, seine Gamma-Kette aber wird gegen eine aus einer Vielzahl verschiedener Alpha-Ketten ausgetauscht. Die modifizierten *T*-Zellen sprechen dann auf ein Selbst-MHC-Protein einzig in Kombination mit einem Antigen an.

Die von uns vorgeschlagene Funkton der Gamma-Kette ist noch experimentell zu überprüfen, doch hat man jetzt das Rüstzeug, diese und viele andere Fragen zum *T*-Zell-Rezeptor zu klären. Im Idealfall werden strukturelle und genetische Untersuchungen ein ebenso tiefes Verständnis dieser Moleküle ermöglichen, wie man es inzwischen von den Immunglobulinen hat. Dann bestünde Hoffnung, einige der größten Rätsel der Immunologie zu lösen: wie sich die *T*-Lymphocyten im Thymus entwickeln, wie sie ihre Zielzellen erkennen und wie sie das restliche Immunsystem kontrollieren.

Interleukin 2: Ein Hormon im Immunsystem

Das Immunsystem muß ganze Scharen identischer Zellen aufbringen, damit der Organismus sich erfolgreich gegen Viren, Bakterien, anderweitiges Fremdeiweiß und eigene entartete Zellen schützen kann. Die Massenvermehrung steuert das Interleukin 2, die erste im Immunsystem gefundene Substanz, die wie ein Hormon wirkt. Ihr Rezeptor ist ebenfalls bekannt.

Von Kendall A. Smith

Seit der englische Wundarzt und Naturforscher Edward Jenner (1749 bis 1823) im Jahre 1796 zum erstenmal eine Pockenimpfung vornahm, die Schutz vor dieser verheerenden Krankheit versprach, waren die Wissenschaftler immer von neuem vom Immunsystem mit all seinen verwirrenden Funktionen fasziniert. Nach und nach haben sie in den letzten 200 Jahren erkannt, daß eine erfolgreiche Immunabwehr auf dem harmonischen Zusammenspiel verschiedener Zellen beruht, die im Blut und in den Geweben vorkommen und von denen jeder Typ seine ganz spezifischen Aufgaben zu erfüllen hat.

Wie aber diese vielen über den Organismus verteilten Zellen sich eigentlich abstimmen zur gemeinsamen Krankheitsbekämpfung, das war selbst Immunologen bis vor kurzem noch rätselhaft. Doch während der letzten zehn Jahre hat sich erwiesen, daß auch das Immunsystem – ganz ähnlich wie andere Organsysteme – durch Hormone gesteuert wird.

Die Immunologie gilt heute nicht mehr als überaus schwieriges Forschungsgebiet unerschrockener Spezialisten mit unverständlicher Sprache für undurchsichtige Vorgänge. Dies verdankt sie unter anderem den Interleukinen: Mit deren Entdeckung und Charakterisierung wurde klar, daß hier – auf immunologischer Ebene – die gleichen Prinzipien gelten wie für klassische Hormone und deren Rezeptoren – die Interleukine sind die Hormone des Immunsystems.

Als erstes Immunhormon ist das Interleukin 2 oder IL-2 gefunden und charakterisiert worden (Bilder 1 und 4). Inzwischen kennt man acht verschiedene Interleukine; sie haben aber nicht alle unmittelbar etwas mit Immunreaktionen zu tun, und von einigen weiß man auch noch gar nicht die Funktion. Das Interleukin 2 allerdings ist für eine wirksame Immunabwehr entscheidend und unerläßlich. Man muß mithin seine Wirkungsweise verstehen und die mit ihm reagierenden Rezeptoren kennen, will man die Heilungschancen für unterschiedlichste Erkrankungen verbessern, zum Beispiel für Krebs, für Autoimmunkrankheiten und chronische Infektionen einschließlich AIDS, oder wenn es gilt, die Abstoßung transplantierter Organe zu verhindern.

Schutzpolizei im Körper

Auch bei der Aufklärung anderer Besonderheiten des Immunsystems hat die Forschung am IL-2 geholfen. So wie das Nervensystem etwa auf Licht oder Töne anspricht, so bemerkt das Immunsystem körperfremde Moleküle und reagiert darauf – seien es Bestandteile von Krankheitserregern wie Bakterien, Viren, Pilzen und Parasiten, unverträgliches Fremdgewebe nach einer Transplantation oder auch entartete körpereigene Zellen. Dementsprechend verfügt es über drei besondere Fähigkeiten. Zum einen arbeitet es bei aller Vielseitigkeit hochspezifisch; die erlaubt ihm, jeden erdenklichen Erreger und jegliche fremde Substanz – also jedes Antigen – aufzuspüren. Des weiteren vermag das Immunsystem Eigenes von Fremdem zu unterscheiden; gesundes körpereigenes Gewebe greift es normalerweise nicht an. Und drittens hat es eine Art Gedächtnis – einmal mit einem Antigen konfrontiert, ermöglicht ihm eine erstaunliche Veränderung, beim nächsten Mal viel rascher und wirksamer zu agieren.

Ein neuer Forschungsansatz

Der dänische Mediziner Niels K. Jerne, 1984 mit dem Nobelpreis für Medizin ausgezeichnet, legte im Jahre 1955, als er am California Institute of Technology in Pasadena arbeitete, mit einer bedeutenden Arbeit den Grundstein zu unseren heutigen Vorstellungen über das Immunsystem. (Später leitete er das Paul-Ehrlich-Institut in Frankfurt und anschließend das Institut für Immunologie in Basel.) Jerne zufolge sollte die Immunreaktion einer Art natürlicher Selektion unterliegen, ähnlich wie dies der englische Naturforscher Charles Darwin (1809–1882) in seiner Evolutionstheorie für das Herausbilden und Absterben von Arten formuliert hatte.

In den fünfziger Jahren wußte man bereits, daß das Blut Antikörpermoleküle enthält, die spezifisch mit Antigenen reagieren. Nach Jernes Vorstellung besitzt jeder Mensch anfangs gegen alle möglichen Fremdsubstanzen Antikörper in kleiner Menge; dann, sobald ein Antigen in den Organismus

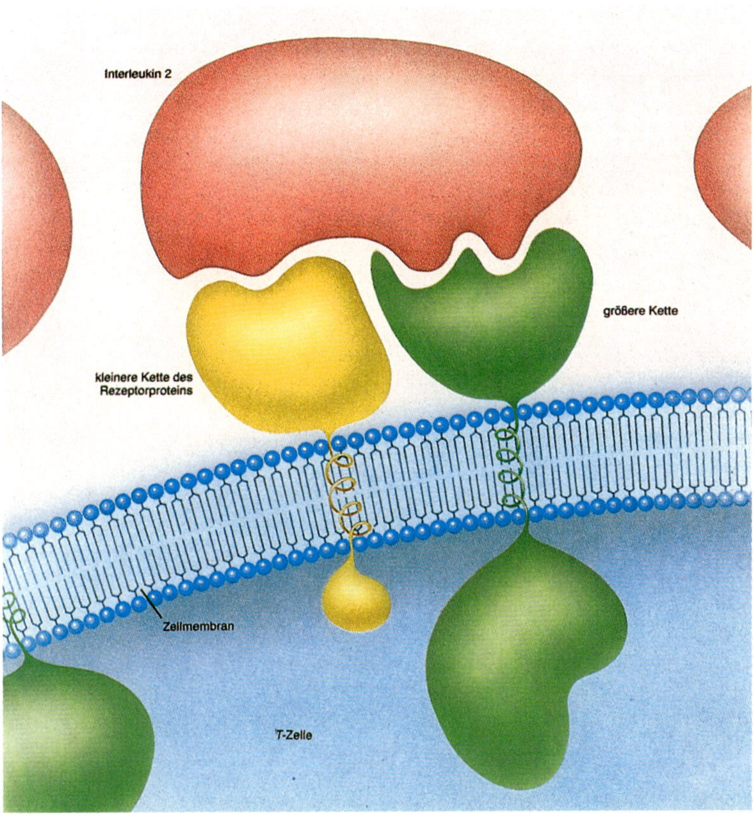

Bild 1 Das Interleukin 2 oder IL-2 wirkt im Immunsystem wie ein Hormon. Nachdem eine *T*-Zelle, ein besonderer Lymphocytentyp, durch ein Antigen aktiviert worden ist, kann sich das Interleukin an einen spezifischen Rezeptor an der Außenmembran der *T*-Zelle anlagern und diese dadurch zur Vermehrung anregen. Der dabei entstehende Zellklon (eine große Zahl identischer Zellen) vermag das Antigen effektiv und gezielt anzugreifen. Der IL-2-Rezeptor, ein Protein, besteht aus zwei unterschiedlich großen Aminosäureketten; mit beiden muß das IL-2-Molekül eine Bindung eingehen, wenn die *T*-Zelle das Signal erhalten soll.

eindringt, werden die es bindenden Antikörper spezifisch vermehrt, also gewissermaßen selektiv bevorzugt.

Vier Jahre später gab Sir Frank Macfarlane Burnet (1899–1985), Leiter des Walter-und-Eliza-Hall-Instituts für Medizinische Forschung in Melbourne (Australien), dieser Theorie in dem kleinen Buch *The Clonal Selection Theory of Acquired Immunity* („Die Klon-Selektionstheorie der erworbenen Immunität") die zelluläre Grundlage. Auch er erhielt, im Jahre 1960, den Nobelpreis für Medizin. Burnet nahm an, daß eine Immunzelle jeweils nur einen einzigen spezifischen Antikörper produziert. Das Antigen sollte direkt mit ihr reagieren und dadurch die Antikörperproduktion anregen. Der deutsche Mediziner Paul Ehrlich (1854–1915) hatte bereits im Jahre 1905 diese Idee im Kern geäußert. (Er gilt als Pionier der Immunologie und erhielt 1908 den Medizinnobelpreis). Burnet stellte sich nun vor, daß die angeregte Zelle sich vielfach vermehren (proliferieren) würde, wodurch ein sogenannter Klon entstünde, also eine Population von Zellen gemeinsamer Abstammung.

Damals kannte man die Zellen noch nicht, die mit den Antigenen reagieren; doch galt als ziemlich sicher, daß spezielle weiße Blutkörperchen, die Plasmazellen, große Mengen Antikörper bilden. Deren Vorgänger vermutete man eigentlich unter den Lymphocyten, den häufigsten Zellen in den Lymphknoten; sie schienen am ehesten dafür geeignet, als erste mit Antigenen zu reagieren. Nur hielt man damals Lymphocyten nicht für teilungsfähig. Doch 1960 entdeckte Peter C. Norwell von der Universität von Pennsylvania in Philadelphia, daß sich Lymphocyten bei einem adäquaten chemischen Reiz sehr wohl teilen. Das folgende Jahrzehnt erbrachte dann fundierte Kenntnisse über die Zellen des Immunsystems (Bild 2). Unter den Lymphocyten fand man zwei Haupttypen, die *B*- und die *T*-Zellen.

Die *B*-Zellen stammen aus dem Knochenmark (englisch *bone marrow*). Sie tragen Antikörpermoleküle als „Antennen" für ihr Antigen, so wie Burnet vorausgesagt hatte. Experimente von Gustav Nossal am Walter-und-Eliza-Hall-Institut und Jerne sowie von Albert A. Nordin von der Universität Pittsburgh (Pennsylvania) zeigten schließlich, daß sich eine *B*-Zelle bei Stimulation mit einem bestimmten Antigen in eine Plasmazelle umwandelt, die dann einen bestimmten Antikörper abgibt.

Die *T*-Zellen reifen im Thymus aus und bilden keine Antikörper, tragen jedoch ebenfalls spezifische Antigenrezeptoren auf ihrer Oberfläche, die Antikörpermolekülen auffallend ähneln und selektiv Antigene binden. Die

Bild 2 Das Immunsystem enthält verschiedene Zelltypen mit jeweils ganz unterschiedlicher Aufgabe. So gibt es zwei Sorten von *T*-Zellen; sie reagieren spezifisch auf Antigene, also etwa körperfremde Moleküle. Die cytotoxischen *T*-Zellen töten

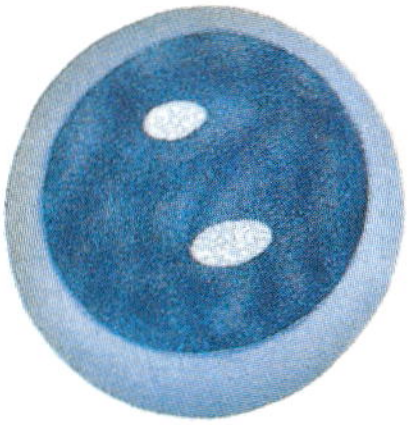

T-Zelle

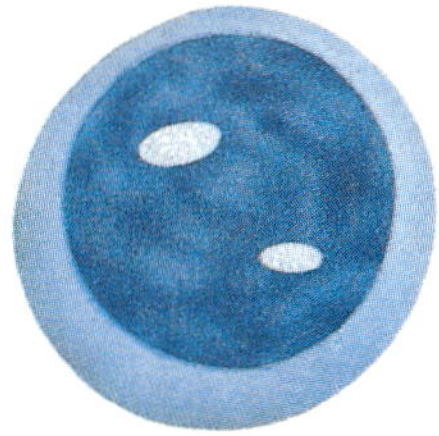

B-Zelle

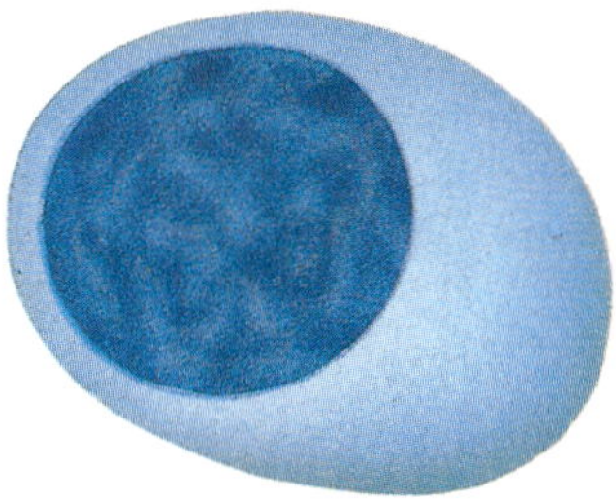

Plasmazelle

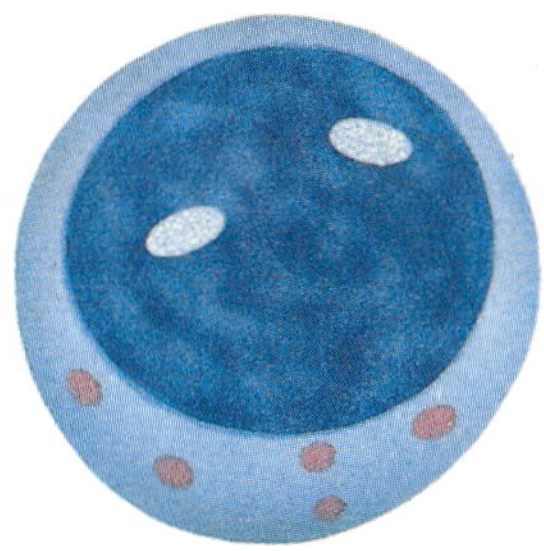

natürliche Killerzelle

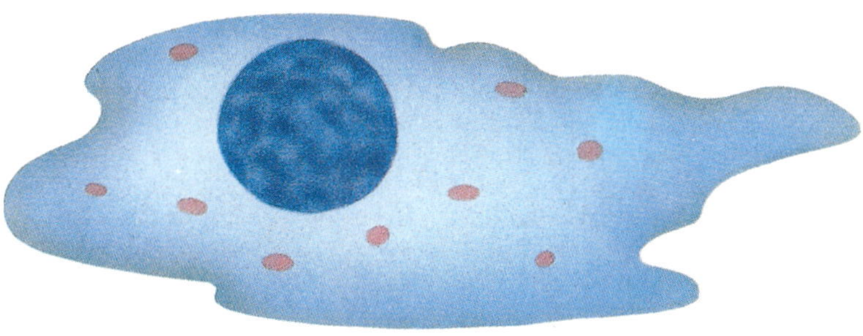

Makrophage

eingedrungene Erreger und infizierte Zellen mit toxischen Substanzen; die *T*-Helfer-Zellen geben Interleukine ab: Wachstumsfaktoren, die die Immunreaktion verstärken. *B*-Zellen ähneln den *T*-Zellen, greifen die Erreger allerdings nicht direkt an; vielmehr werden sie, angeregt durch ein Antigen, zu Plasmazellen, die Antikörper gegen die Fremdkörper produzieren. Die natürlichen Killerzellen oder NK-Zellen arbeiten nicht antigenspezifisch, sondern greifen jeglichen Erreger an. Die großen Makrophagen verschlingen Erreger; dann präsentieren sie den *T*-Zellen die fremden Antigene und leiten so die spezifische Immunreaktion ein.

T-Zellen reagieren wie die *B*-Zellen auf einen Antigenreiz, indem sie zum Ausführen ihrer immunologischen Funktion Moleküle freisetzen. Nur hat man je nach Art dieser Moleküle zwei Arten von *T*-Zellen zu unterscheiden: Die *T*-Helfer-Zellen setzen Interleukine frei, während die cytotoxischen *T*-Zellen infizierte Zellen – mitsamt den darin eingeschlossenen Mikroorganismen (vor allem Viren) – vernichten, indem sie sich an sie anlagern und toxische Substanzen abgeben.

Vor allem die *T*-Zellen erwiesen sich bald als sehr geeignet, unter Laborbedingungen Immunreaktionen zu untersuchen. Injiziert man ein Antigen in den Körper eines Tieres oder eines Menschen, so ist als einzige Immunreaktion jene zu beobachten, die sich spezifisch gegen dieses Antigen richtet. Da auch in der Zellkultur nur jeweils die antigenspezifischen *T*-Zellen überleben und sich vermehren, wurde 1965 als Modell von Immunreaktionen die Kurzzeitkultur von *T*-Zellen eingeführt. Damit ließ sich zudem alsbald das immunologische Gedächtnis erklären: Gibt man ein Antigen in die Kultur, so vermehren sich nur solche Zellen, die mit diesem Antigen reagieren – und auch später reagieren werden.

Rätselhafte Wachstumsfaktoren

Früher hatten die Immunologen angenommen, daß sich *B*- und *T*-Zellen nur unter dem Einfluß eines Antigens vermehren würden. Erst nachdem es gelungen war, dieses Dogma zu stürzen, ließ sich genauer eruieren, was sich im Immunsystem eigentlich im einzelnen ereignet.

Unser heutiges Bild von den molekularen Mechanismen der Lymphocytenstimulation begann sich im Jahre 1965 abzuzeichnen. Damals hatten zwei Arbeitsgruppen vom Royal Victoria Hospital in Montreal (Kanada) – Shinpei Kasakura und Louis Lowenstein sowie J. Gordon und Lloyd D. MacLean – unabhängig voneinander in *Nature* den gleichen Befund publiziert: Demnach enthielt das Kulturmedium von sich vermehrenden Lymphocyten (ein gewissermaßen „konditioniertes“ Medium) eine zunächst nicht zu bestimmende Substanz, die in Gegenwart eines Antigens Wachstum und Teilung von Lymphocyten förderte.

Während der nächsten zehn Jahre häuften sich die Berichte über diese rätselhaften Wachstumsfaktoren. Die meisten Immunologen ignorierten sie jedoch einfach und hielten an ihrem alten Dogma fest. Allenfalls mochten sie zugestehen, daß das Kulturmedium vielleicht einen Faktor enthielt, welcher lediglich die schon durch das Antigen in Gang gesetzte Zellvermehrung noch beschleunigte. In diesem Sinne haben noch bis in die frühen siebziger Jahre etliche Wissenschaftler Verfahren beschrieben, wie man Lymphocyten auch längerfristig in Kultur züchtet, indem man wiederholt

Antigene zugibt: bis zu vier Monate lang, ohne daß die Zellen ihre Antigenspezifität einbüßten.

Das Argument gegen einen solchen Faktor lautete: Würde er tatsächlich von den Zellen freigesetzt, dann müßte er doch alle Lymphocyten – und nicht nur spezifische – zur Vermehrung anregen, unabhängig davon, ob sie bereits Kontakt zu ihrem spezifischen Antigen gehabt hatten. Doch 1976 gelang es Doris A. Morgan unter Mitarbeit von Francis W. Ruscetti in Robert C. Gallos Labor am Nationalen Krebsinstitut der Vereinigten Staaten in Bethesda (Maryland), normale menschliche *T*-Zellen bis zu neun Monate lang ohne Antigenzusatz zu kultivieren, wenn sie nur regelmäßig lymphocytenkonditioniertes Medium zusetzte.

Doris Morgans Entdeckung war einem besonders glücklichen Zusammentreffen zu verdanken. Sie hatte sich vorrangig mit Blutbildung und Blutkrankheiten befaßt und verstand nach eigenem Bekunden von Lymphocytenkultivierung nur wenig. Sie wollte aber Langzeitkulturen von Leukämiezellen einrichten und benutzte dafür ein lymphocytenkonditioniertes Medium als Stimulans, weil bekannt war, daß Lymphocyten Faktoren freisetzen, die das Wachstum junger blutbildender Zellen fördern. Zu ihrem Ärger vermehrten sich aber nicht die entarteten Leukämiezellen, sondern anscheinend ganz normale *T*-Zellen. Doch gerade dies war für die Immunologie ein bedeutsamer Befund, besagte er doch, daß nicht das Antigen, sondern irgend etwas anderes im Medium die *T*-Zellen zur Teilung veranlaßt hatte.

Von Doris Morgans Arbeit nahmen die Immunologen freilich kaum Notiz, obwohl sie in der vielgelesenen Wissenschaftszeitschrift *Science* publiziert wurde. Die Wissenschaftlerin und ihre Mitarbeiter waren zwar in der Hämatologie und Virologie angesehen, in der Immunologie aber nicht bekannt. Zudem betonte der Titel der Arbeit, daß die kultivierten *T*-Zellen aus dem Knochenmark stammten – es mußten also wohl unreife oder sonstwie wenig typische *T*-Zellen sein. Und noch unergiebiger schien, daß keine antigenspezifischen Funktionen beschrieben wurden – Immunologen interessieren sich aber nun einmal nicht für Phänomene, denen eine Antigenspezifität abgeht.

Unkonventionelle Verfahren

Wie Doris Morgan bin auch ich von Hause aus Hämatologe und in der Immunologie ein Außenseiter. Nach meiner Promotion hatte ich in Frankreich bei George Mathé am Institut für Krebsforschung und Immungenetik in Villejuif bei Paris gearbeitet. Mathé hat als einer der ersten versucht, Leukämie mit einer Immuntherapie zu bekämpfen. Die Idee, das Wachstum cytotoxischer *T*-Lymphocyten zu stimulieren und so Leukämiezellen abzutöten, fesselte und faszinierte mich.

Als ich später Assistenzprofessor an der Medizinischen Fakultät des Dartmouth College in Hanover (New Hampshire) war, initiierte ich daher 1974 ein Forschungsprojekt, in dem wir die grundlegenden Voraussetzungen für die Zellvermehrung generell untersuchen wollten. Innerhalb von zwei Jahren gelang uns der Nachweis, daß in einer Zellkultur cytotoxische *T*-Zellen Leukämiezellen von Mäusen abtöten können.

Trotzdem waren wir frustriert, denn wir schafften es nicht, *T*-Zellen länger als ein paar Tage am Leben zu erhalten. So beschlossen wir, andere Verfahren zu erproben, die uns unserem Ziel, der Langzeitvermehrung von antigenspezifischen *T*-Zellen, näherbringen sollten.

Durch die Dogmen der Immunologie nicht vorbelastet, kombinierten wir schlichtweg alle möglichen Methoden, mit denen andere Forscher schon voranzukommen versucht hatten. Zuerst beimpften wir Mäuse wiederholt mit bestrahlten Tumorzellen, damit sich die darauf reagierenden *T*-Zellen vermehrten. Die *T*-Zellen mischten wir anschließend in der Zellkultur mit Tumorzellen – in einer derartigen Kurzzeitkultur konnten, wie gesagt, nur solche *T*-Zellen überleben und sich vermehren, die mit den Tumorantigenen reagierten. Nach ein bis zwei Wochen übertrugen wir diese *T*-Zellen in ein lymphocytenkonditioniertes Medium, das dem von Doris Morgan glich, und wir hatten Erfolg: Steven Gillis, damals erst am Anfang seines Hauptstudiums, gelang es als erstem von uns, tatsächlich Langzeitkulturen einzurichten.

Obwohl wir nach der vorherrschenden Meinung scheitern mußten, weil wir schließlich das tumorspezifische Antigen aus dem Kulturmedium entfernt hatten, beobachteten wir, wie tumorspezifische cytotoxische *T*-Lymphocyten sich über lange Zeit in dem konditionierten Medium vermehrten. Diese Arbeit, im Juli 1977 in *Nature* erschienen, interessierte nun auch die Immunologen, denn anders als Doris Morgan hatten wir betont, daß es sich um eine Kultur funktionsfähiger, antigenspezifischer *T*-Zellen handelte.

Durch unseren Erfolg ermutigt, versuchten wir anschließend, Burnets Klon-Selektionshypothese durch Anzüchten antigenspezifischer Klone aus jeweils einer einzelnen Zelle direkt zu beweisen. Wieder prophezeite die Lehrmeinung, daß dies so gut wie unmöglich sei: In Kultur halten sich einzelne *T*-Zellen gewöhnlich nur sehr kümmerlich, wenn überhaupt. Doch mit dem lymphocytenkonditionierten Medium erhielten wir plötzlich prächtige Klone. Und jeder Klon hatte seine eigene antigenspezifische Cytotoxizität, was seine Herkunft von einer einzigen Zelle belegte. Im Jahre 1979, zwei Jahrzehnte nachdem Burnet seine Theorie der klonalen Selektion formuliert hatte, kam nun unser Bericht von den ersten monoklonalen cytotoxischen *T*-Zell-Linien.

Fortschritt mit Hindernissen

Manches grundsätzliche Problem der Immunologie, das mit heterogenen Lymphocytenpopulationen nicht zu lösen war, ließ sich jetzt angehen. Da man nun identische *T*-Zellen in beinahe beliebiger Anzahl züchten konnte, gelang es zum Beispiel, den Antigenrezeptor auf den *T*-Zellen molekular zu charakterisieren. Auch ließ sich auf diesem Wege zweifelsfrei nachweisen, daß bestimmte Eiweißstrukturen, die Proteine des Haupthistokompatibilitätskomplexes, eine wichtige Rolle spielen, wenn *T*-Zellen Antigene erkennen. Und schließlich wäre ohne monoklonale Zell-Linien nicht daran zu denken gewesen, die entscheidenden molekularen Mechanismen und die Funktionen von *T*-Helfer-Zellen und cytotoxischen *T*-Zellen aufzuklären. Kurzum, jetzt ließ sich die Klon-Selektionstheorie Burnets auf molekularer Basis beweisen.

Schon unsere anfänglichen Experimente hatten erste Hinweise geliefert, wie es möglich sein kann, daß ein antigenspezifischer Prozeß einen Klon selektiert, also gezielt allein dessen Vermehrung fördert, obwohl diese im weiteren nur noch von einem Wachstumsfaktor abhängt. Am plausibelsten schien uns, daß ein antigenaktivierter Lymphocyt sich auf eine Weise verändert, die ihn befähigt, auf den Wachstumsfaktor zu reagieren. Die übrigen Lymphocyten – alle jene, die auf dieses bestimmte Antigen nicht ansprechen – sollten eben deshalb zwangsläufig inaktiv bleiben.

Meine Mitarbeiter und ich testeten diese Hypothese in einer Reihe von Experimenten. Stolz reichten wir im Jahre 1978 die Ergebnisse bei einer der angesehensten immunologischen Fachzeitschriften ein. Zu unserem Verdruß galt es aber offenbar immer noch als ketzerisch, einen Wachstumsfaktor ernsthaft zu erwägen: Schließlich wußte doch jeder, daß ausschließlich Antigene *T*-Zellen zur Teilung anregen können. Die Gutachter waren skeptisch und forderten detaillierte Angaben zur Biochemie eines solchen *T*-Zell-Wachstumsfaktors – doch die hatten wir zum damaligen Zeitpunkt noch nicht.

Antigen- und Hormonsteuerung

Also konzentrierten wir uns darauf, die biologischen und biochemischen Eigenschaften dieses Faktors aufzuklären. Zwar waren seit 1965 wiederholt Wachstumsfaktoren für Lymphocyten beschrieben worden, doch hatte noch niemand eine Methode entwickelt, ihre Aktivität quantitativ zu bestimmen. Es war daher nicht möglich, die relativen Anteile der einzelnen Substanzen während der verschiedenen Schritte des Reinigungsprozesses zu bestimmen und zu vergleichen.

Die früheren Bemühungen waren vor allem an den heterogenen Zellkulturen gescheitert; unter solchen Voraussetzungen ließ sich unmöglich entscheiden, welche Zellen eigentlich auf welche Faktoren des lymphocytenkonditionierten Mediums reagierten. Dieses Problem war immerhin mit unseren monoklonalen *T*-Zell-Kulturen bereits gelöst. Nach meiner Promotion hatte ich außerdem eine quantitative Methode zum Nachweis von Erythropoietin entwickelt, dem Wachstumsfaktor der roten Blutkörperchen. Es war recht einfach, sie so abzuändern, daß nun auch der *T*-Zell-Wachstumsfaktor bestimmt werden konnte.

So gerüstet führten wir etliche Experimente durch und konnten zwischen 1978 und 1983 in mehreren Artikeln erstmals die biologischen und biochemischen Eigenschaften des *T*-Zell-Wachstumsfaktors beschreiben, der heute als Interleukin 2 bekannt ist. Es zeigte sich, daß das Immunsystem, nachdem es ein Antigen erkannt hat, seine Reaktion von einem antigen- auf einen hormongesteuerten Mechanismus umstellt.

Im Grunde geschieht folgendes: Gelangt ein Antigen in den Körper, so wird es von Makrophagen (einem Freßzelltyp) und *B*-Zellen aufgenommen (Bild 3). Diese Zellen verdauen es und präsentieren kurze Stücke des Fremdmoleküls auf ihrer Oberfläche. Die meisten *T*-Zellen im Körper erkennen die präsentierten Antigene nicht und setzen ihre ruhige Wanderung durch das Blut- und Lymphgefäßsystem fort. Einige *T*-Zellen jedoch besitzen die passenden Antigenrezeptoren und können sich an die präsentierten Antigene binden – dies ist für sie das Signal, jetzt zur eigenständigen Produktionsstätte für Wachstumsfaktoren zu werden. Die so aktivierten Zellen setzen also IL-2 frei und reagieren dann selbst darauf mit Wachstum und Zellteilung. In der Folge expandieren somit einzig die *T*-Zell-Klone, die das Antigen erkennen.

Auch wenn nun klar war, daß nur antigenaktivierte *T*-Zellen auf IL-2 reagieren, wußten wir doch immer noch nicht, was dabei im einzelnen geschieht. Ich vermutete, daß hier Oberflächenrezeptoren mitwirken, ähnlich wie zum Beispiel das Bauchspeicheldrüsenhormon Insulin von speziellen Zellrezeptoren gebunden wird. Schon bald ergaben Untersuchungen, daß die IL-2-Aktivität sich vom Medium zu den aktivierten *T*-Zellen verlagert, die das Hormon also offenbar binden – wie bei entsprechenden Rezeptoren zu erwarten. Davon ermutigt, stellten wir radioaktiv markiertes, gereinigtes IL-2 her, um die Rezeptorbindung direkt zu verfolgen.

Bild 3 Das Interleukin 2 regt die Vermehrung der *T*-Zellen an, nachdem diese von einem Antigen aktiviert worden sind. Dieses Antigen hatten die Makrophagen zuvor aufgenommen und den *T*-Zellen auf ihrer Oberfläche präsentiert. Es stimuliert die *T*-Zellen, IL-2 auszuschütten und IL-2-Rezeptoren herzustellen. Bindet sich das IL-2

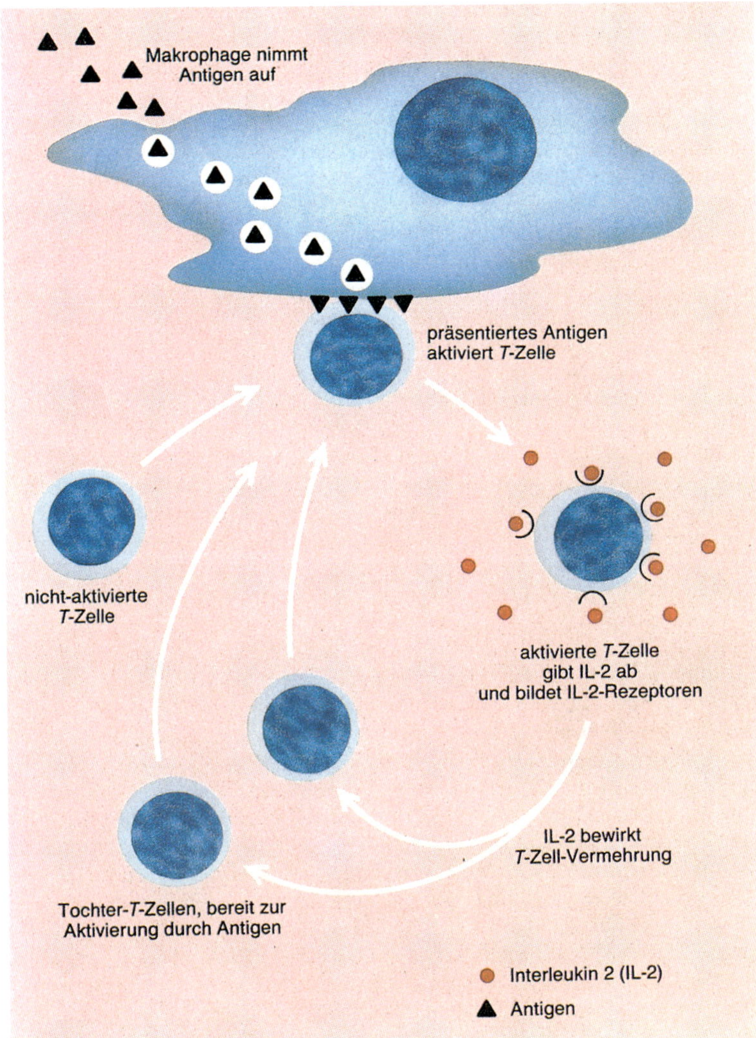

an den Rezeptor, ist dies das Signal zur Teilung. Die entstehenden Tochterzellen lassen sich wiederum vom Antigen aktivieren. Es entsteht ein Klon identischer Zellen, der so lange wächst, bis das Immunsystem das gesamte Antigen und seine Träger beseitigt hat.

Das Konzept, daß auch im Immunsystem die Botenstoffwirkung über ein passendes Empfängermolekül vermittelt wird, hatte weitreichende Auswirkungen auf die Vorstellungen über die Immunregulation. Bislang hatte man angenommen, daß Makrophagen, *B*-Zellen und *T*-Zellen ausschließlich im direkten Kontakt miteinander Signale austauschen. Doch als Interleukin 2 und andere lösliche Faktoren entdeckt wurden und wir die Hypothese bestätigen konnten, daß die Ausprägung von IL-2 Rezeptoren festlegt, welche Zellen jeweils an einer Immunreaktion mitwirken, verloren die Immunfunktionen ihre geheimnisvolle Aura. Vieles ließ sich nun verstehen, wenn man die wissenschaftlichen Erkenntnisse der Endokrinologie über das Wechselspiel zwischen Hormonen und ihren Rezeptoren zu Hilfe nahm.

Interleukin 2 und sein Rezeptor

Im Jahre 1982 konnten wir absehen, daß wir die Struktur von IL-2 und seinem Rezeptor aufklären mußten, wenn wir den molekularen Mechanismus verstehen wollten, der den *T*-Zellen das Signal zur Vermehrung gibt. Das war auch die Voraussetzung dafür, Fehlfunktionen behandeln zu können – etwa indem man den Rezeptor mit passend gebauten synthetischen Wirkstoffmolekülen täuscht oder ihn blockiert. Einen entscheidenden Schritt dahin schafften Tadatsugu Taniguchi und seine Kollegen von der Universität Tokio, als sie 1983 das Gen für IL-2 zu isolieren vermochten.

Hat man ein Gen erst einmal isoliert, kann man mit gentechnischen Verfahren das von ihm codierte Protein in praktisch unbegrenzter Menge herstellen. So haben in den letzten Jahren Biotechnologieunternehmen auch reines IL-2 weltweit verfügbar gemacht. Der Arbeitsgruppe von David B. McKay an der Universität von Colorado in Boulder gelang es, Interleukin 2 zu kristallisieren und 1987 seine dreidimensionale Struktur mittels Röntgenstrukturanalyse aufzuklären (Bild 4).

Unterdessen – im Jahre 1984 – meldeten gleichzeitig Warren J. Leonard und seine Kollegen aus Thomas A. Waldmanns Labor am Nationalen Krebsinstitut der USA sowie Toshio Nikaido, der mit Tasuku Honjo, Takashi Uchiyama und anderen an der Universität Kioto (Japan) arbeitete, die Isolierung des Gens für den vermuteten IL-2-Rezeptor. Die entsprechende Aminosäurekette reagierte tatsächlich mit einem gegen den IL-2-Rezeptor gerichteten monoklonalen Antikörper, den Uchiyama entwickelt hatte. Weil sie aber recht klein und die Bindung nur schwach war, schien dies doch noch nicht der vollständige Rezeptor zu sein.

Einiges Aufsehen erregten dementsprechend die Arbeiten zweier weiterer Forscher aus Kioto, Keisuke Teshigaware (damals bei uns in Dartmouth tätig) und Mitsuru Tsudo (damals in Waldmanns Labor), die im Jahre 1986 unabhängig voneinander ein zweites, größeres IL-2-Rezeptormolekül entdeckten.

Tatsächlich besteht der IL-2-Rezeptor aus zwei verschiedenen Ketten: Die kleinere hat ein Molekulargewicht von 55 000, die größere von 75 000 (ein Molekulargewicht von 1 entspricht ungefähr der Masse eines Wasserstoffatoms). Auch Michael Sharon vom Nationalen Institut für die Gesundheit von Kindern und menschliche Entwicklung in Bethesda (Maryland), der mit Leonard zusammenarbeitete, hatte entsprechende Daten. Im Herbst 1986 war der Wettlauf, wer als erster die größere Kette isolieren und charakterisieren würde, entbrannt.

Tsudo schließlich gewann das Rennen, als er wieder in Japan, am Städtischen Medizinischen Institut von Tokio, tätig war. Mitte 1988 verfügte er

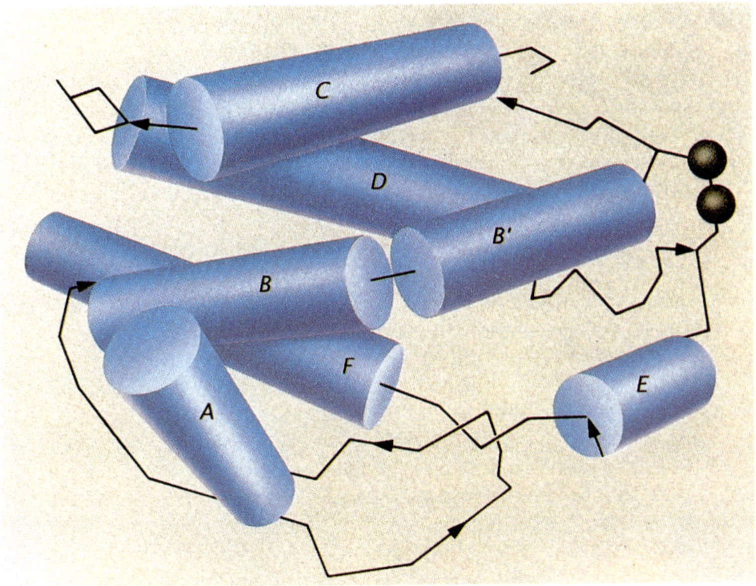

Bild 4 Die Struktur des Proteins Interleukin 2 wurde mittels Röntgenstrukturanalyse aufgeklärt. Es besteht aus einer Kette von 133 Aminosäuren, die – abschnittweise spulenartig aufgewickelt – zu einem annähernd kugelförmigen Gebilde zusammengeknäuelt ist. Die eng gewickelten Bereiche sind hier als blaue Zylinder wiedergegeben. Nur bei intakter Struktur kann das IL-2 mit beiden Bindungsstellen auf seinem Rezeptor reagieren.

über monoklonale Antikörper gegen die größere Kette. Danach arbeitete er mit Masanori Hatakeyama zusammen, einem jungen Hämatologen von der Universität Osaka, und diesem gelang es, mit Hilfe der Antikörper das entsprechende Gen über dessen Produkt zu identifizieren und zu isolieren.

Währenddessen konzentrierten wir uns darauf, die Rolle des IL-2-Rezeptorsystems bei der Immunantwort abzuklären. Doreen A. Cantrell testete die Funktionsweise dieses Systems in einer Reihe von Experimenten am Modell einer *T*-Zell-Reaktion. Wie sie herausfand, sind nur drei Parameter für die Regulation der *T*-Zell-Vermehrung nach einem Antigenkontakt wichtig: die Konzentration von IL-2, die Dichte der Rezeptoren für IL-2 auf der Zelloberfläche, die erst auf den Antigenkontakt hin entstehen, und die Dauer der Wechselwirkung zwischen IL-2 und seinem Rezeptor. Eine Zelle teilt sich offenbar erst, wenn sie mehrere Stunden lang etliche Rezeptorkontakte mit IL-2 hatte.

Mein Diplomand Huey-Mei Wang fand zudem heraus, daß der IL-2-Rezeptor wie ein Schalter arbeitet. Zuerst heftet sich das IL-2 rasch an die Bindungsstelle der kleineren Kette. Richtig festgehalten wird es dann von der Bindungsstelle der größeren Kette. Damit ist auch klar, wieso zwei Rezeptormolekülketten nötig sind: Die Reaktion erfolgt nur, wenn beide Bindungsstellen mit IL-2 belegt sind (Bild 1). Erst mit der festen Bindung werden die intrazellulären Mechanismen in Gang gesetzt, die die Zelle aktivieren – der Schalter kippt auf „an". Er geht auf „aus", wenn sich das IL-2 wieder löst, so daß die aktivierenden Signale erlöschen; wegen der starken Bindungskräfte der großen Kette vollzieht sich das aber sehr langsam.

Im Laufe einer Immunreaktion verschwindet das Antigen nach und nach wieder aus dem Körper; irgendwann also erhalten die *T*-Zellen von ihren Antigenrezeptoren keine Signale mehr. Die Dichte der Rezeptoren nimmt denn auch allmählich ab, und der expandierte Zellklon vermehrt sich nicht weiter. Die vorhandenen *T*-Zellen bleiben aber erhalten und bilden so das immunologische Gedächtnis (Bild 5).

Das IL-2 stimuliert freilich nicht nur *T*-Lymphocyten. Bereits 1981 hatten Christopher S. Henney und seine Kollegen an der Universität von Washington in Seattle berichtet, daß es auch sogenannte natürliche Killerzellen (NK-Zellen) anregt. Die NK-Zellen machen ungefähr zehn Prozent aller zirkulierenden Lymphocyten aus. Sie beteiligen sich, wie man annimmt, an der Vernichtung von Krebszellen und an der ersten Abwehr von Viren – bilden also gewissermaßen die vorderste Verteidigungslinie. Dafür eignen sie sich offenbar hervorragend, weil sie unverzüglich auf IL-2 ansprechen.

Im Gegensatz zu *T*-Zellen haben NK-Zellen keine Antigenrezeptoren; sie scheinen vielmehr immer aktiviert zu sein. Für IL-2 sind sie deswegen unmittelbar empfänglich, weil sie im Gegensatz zu den *T*-Zellen ständig die größere Kette des Rezeptors auf ihrer Oberfläche tragen.

B-Zellen hingegen bleiben wie die *T*-Zellen inaktiv, bis sie mit ihrem spezifischen Antigen zusammentreffen. Nach dem Kontakt vermehren sie sich zu einem Zellklon und reifen zu Plasmazellen aus, die große Mengen von Antiköpern freisetzen. Welche Rolle dem IL-2 dabei zukommt, ist noch nicht ausdiskutiert, jedoch herrscht die Auffassung vor, daß es antigenaktivierte *B*-Zellen auf die gleiche Weise zur Vermehrung anregt wie *T*-Zellen. Wie jüngst Marian E. Koshland an der Universität von Kalifornien in Berkeley und Kenji Nakanishi an der Hochschule für Medizin von Hyogo (Japan) gezeigt haben, hilft IL-2 außerdem den *B*-Zellen zu reifen, indem es sie dabei unterstützt, mit der Antikörperabgabe zu beginnen.

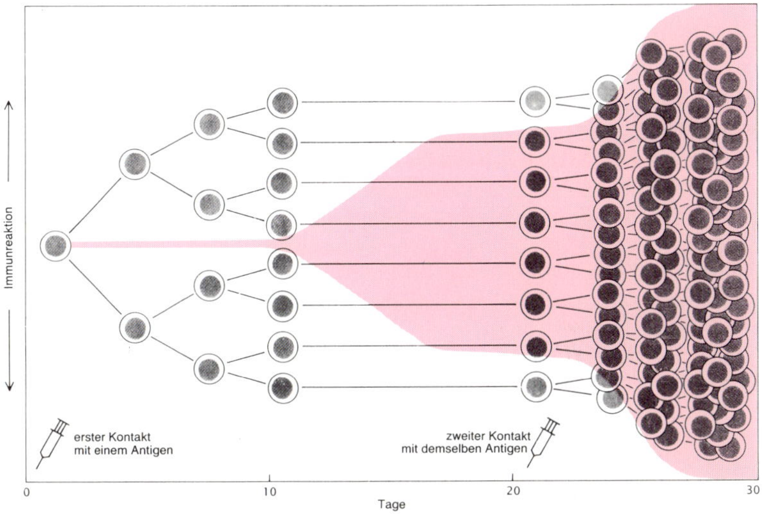

Bild 5 Das immunologische Gedächtnis läßt sich auf zellulärer Basis erklären. Die Abwehr reagiert bei einem wiederholten Kontakt mit dem Antigen rascher und stärker als bei einer Erstinfektion – angedeutet durch die breiter werdende Farbfläche. Beim ersten Antigenkontakt macht sich die Immunreaktion erst nach 10 bis 14 Tagen deutlich bemerkbar – so lange braucht der antigenspezifische Klon der *T*-Zellen, um quasi auf Angriffsstärke heranzuwachsen. Beim zweiten Mal sind jedoch sogleich schon viele passende *T*-Zellen vorhanden; daher kommt die Gesamtreaktion nun sehr viel rascher zustande. Da die Immunzellen sich exponentiell vermehren, ergibt sich ein bedeutendes Abwehrpotential.

Aussichten für die Therapie von Krankheiten

All diese Befunde zeigen, daß der Hormon-Rezeptor-Mechanismus von Interleukin 2 eine zentrale Rolle in der Frühphase einer Immunreaktion spielt. Es liegt daher auf der Hand, genau hier anzusetzen, wenn man die Immunabwehr zu medizinischen Zwecken stärken oder schwächen möchte – eine Reihe verschiedener Manipulationsmöglichkeiten erscheint hier vorstellbar (Bilder 6 und 7). Tatsächlich hemmen von den heute verwendeten Immunsuppressiva die beiden wirksamsten, das Cyclosporin und die Glucocorticoide, die Produktion von IL-2.

Thomas L. Ciardelli, ein Kollege in Dartmouth, versucht den IL-2-Rezeptor mit leicht veränderten IL-2-Molekülen zu manipulieren. Zum einen lassen sich womöglich IL-2-Antagonisten herstellen, die anstelle des Hormons den Rezeptor besetzen, ohne aber die Zelle zu aktivieren; zum anderen könnte es vielleicht gelingen, quasi „Superinterleukine" zu konstruieren, die viel stärker wirken als IL-2 selbst.

John R. Murphy von der Universität Boston (Massachusetts) und Ira H. Pastan vom Nationalen Krebsinstitut der USA haben unabhängig voneinander ein ähnlich einleuchtendes Konzept zur Immunsuppression verfolgt, indem sie gentechnologisch Bakterientoxine an IL-2 koppelten. Dieses giftige Gespann lagert sich an antigenaktivierte *T*- und *B*-Zellen an und tötet sie ab. So läßt sich ein gesamter antigenspezifischer Zellklon vernichten (Bild 7), der den Organismus – wie etwa bei Autoimmunreaktionen – gefährdet.

Monoklonale Antikörper, die entweder das IL-2 oder seinen Rezeptor blockieren, können ebenfalls die weitere Reaktion antigenaktivierter *T*-Zellen vollständig unterdrücken (Bild 6). Wenn der Antikörper das IL-2 abfängt, so daß es sich nicht an den Rezeptor binden kann, werden die *T*-Zellen auch nicht veranlaßt, sich zu vermehren. Bei experimentellen Herztransplantationen ließ sich die Abwehr gegen das körperfremde Gewebe – sprich die Antigene – so schon gezielt unterdrücken. Der gleiche Effekt müßte auftreten, wenn man den IL-2-bindenden Teil des Rezeptors einsetzt – die Molekülteile würden dann mit den Rezeptoren auf den *T*-Zellen um das IL-2 konkurrieren.

Als Immunstimulator ließe sich das IL-2 selbst auf verschiedene Art verwenden. So könnte es die Wirkung einer Impfung verstärken, da es die klonale Vermehrung von *T*- und *B*-Zellen bei Antigenzufuhr steigert. Stefan C. Meuer von der Universität Heidelberg hat die Wirksamkeit und Verträglichkeit bereits bei Impfungen gegen Hepatitis B getestet und dabei herausgefunden, daß in bestimmten Risikogruppen, die auf den Impfstoff allein nicht ansprachen, das IL-2 den gewünschten Effekt brachte. Interleukin 2 oder ein entsprechender Wirkstoff könnte auch bei manchen gen-

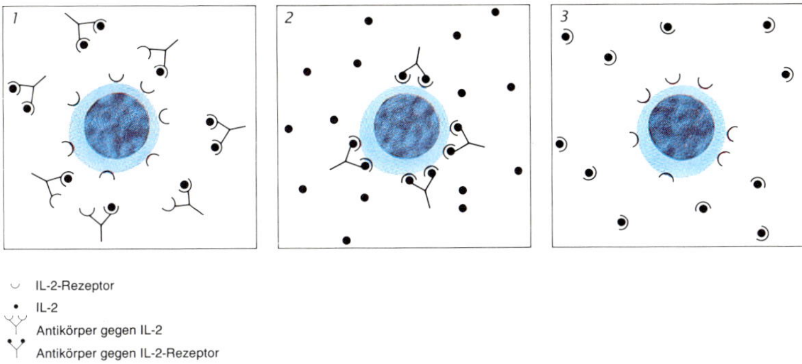

Bild 6 Für Patienten mit Organtransplantaten oder mit Autoimmunkrankheiten wäre es wünschenswert, wenn man die spezifische Abwehr bestimmter Antigene gezielt unterdrücken könnte. Es dürfte auf mehrere Arten möglich sein, dafür den Kontakt zwischen IL-2 und seinen Rezeptoren zu verhindern. Man könnte etwa Antikörper gegen IL-2 injizieren, die es vorzeitig abfangen (*1*). Desgleichen ließen sich mit Antikörpern die IL-2-Rezeptoren blockieren (*2*). Möglicherweise könnte man sogar nachgebaute IL-2-Rezeptoren injizieren, die wegen ihrer Überzahl das IL-2 den *T*-Zellen vorenthalten (*3*).

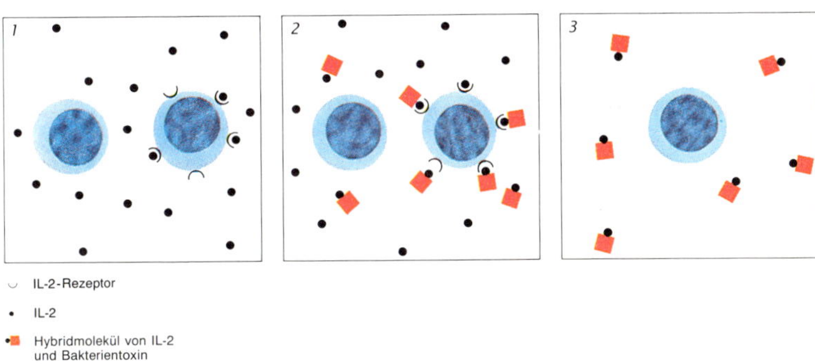

Bild 7 Auch indem man einen spezifischen *T*-Zell-Klon vernichtet, könnte man eine Immunreaktion selektiv unterdrücken. Eine Möglichkeit wäre, das IL-2 mit bakteriellen Toxinen zu koppeln und diese Hybridmoleküle dem Patienten zu verabreichen. Da nur durch Antigene aktivierte *T*-Zellen IL-2 ausschütten und IL-2-Rezeptoren tragen (*1*), würden sich die toxingekoppelten IL-2-Moleküle nur an aktivierte *T*-Zellen binden und diese dann abtöten (*2*). Nichtaktivierte *T*-Zellen blieben hingegen unbehelligt (*3*).

technisch hergestellten künstlichen Impfstoffen letztlich entscheiden, ob sie sich in der Praxis bewähren.

Selbst zur immunologischen Behandlung von Krebs hat man Interleukin 2 schon versuchsweise eingesetzt – erstmals Steven A. Rosenberg und seine Kollegen am Nationalen Krebsinstitut der USA (siehe Rosenbergs Beitrag *Adoptive Immuntherapie von Krebs* in diesem Buch). Darin gipfelt der fast ein Jahrhundert währende Versuch, das Immunsystem zur Vernichtung von Krebszellen anzustacheln. Bislang haben drei auf herkömmliche Behandlung nur schlecht reagierende Krebsarten – das maligne Melanom (ein bösartiger Hautkrebs) sowie Nieren- und Dickdarmkrebs – auf die Kombination von IL-2 und IL-2-stimulierten NK-Zellen angesprochen. Noch hat die Behandlung zwar lediglich bei einem kleineren Teil der Patienten, etwa jedem fünften, Erfolg. Doch von diesen Menschen war etlichen so gut geholfen, daß sie keiner zusätzlichen Krebsbekämpfungsmaßnahme mehr bedurften.

Besonders vielversprechend dürfte der Einsatz von Immunstimulatoren bei der Behandlung von Infektionen sein. Zwar haben seit Entdeckung des Penicillins 1928 und der nachfolgenden Entwicklung immer weiterer Antibiotika die Menschen der hochentwickelten Staaten nicht mehr sonderlich unter den früher häufigen und schweren Infektionskrankheiten zu leiden, doch die Bevölkerung der Entwicklungsländer hat nach wie vor schwer damit zu kämpfen. Und gegen Viruskrankheiten sowie Pilz- und Parasitenbefall gibt es leider bislang überhaupt noch keine ähnlich wirksamen Mittel.

Bei vielen chronischen, in tropischen Ländern grassierenden Infektionskrankheiten wie Tuberkulose, Lepra oder Leishmaniose, die auf die üblichen Therapien nicht ansprechen, befallen die Erreger auch Makrophagen. Diese geben nun Substanzen ab, die das umliegende Gewebe entzünden und so schließlich zerstören. Befunde von Gilla Kaplan, Zanvil A. Cohen und ihren Kollegen von der New Yorker Rockefeller-Universität deuten an, daß der Immunabwehr dabei mit IL-2 geholfen werden könnte: Die dadurch stimulierten, aktivierten und sich vermehrenden *T*- und NK-Zellen vermögen die infizierten Zellen und die Mikroben darin abzutöten. Besonders die Dritte Welt könnte von solchen neuen Verfahren profitieren.

Auch die erworbene Immunschwäche AIDS (*acquired immunodeficiency syndrome*) hat mit anderen chronischen Infektionskrankheiten vieles gemeinsam. Das Human-Immunschwächevirus (HIV, für *human immunodeficiency virus*) infiziert allerdings nicht nur Makrophagen, sondern auch *T*-Helfer-Zellen, und das bedeutet, daß den betroffenen Patienten genau diejenigen Zellen verloren gehen, die zur Errichtung einer wirksamen immunologischen Abwehrfront entscheidend sind. Deshalb werden AIDS-Patienten buchstäblich für jeden Erreger, mit dem sie in Berührung kommen, anfällig.

Inzwischen hat man auch bei HIV-Infizierten die erste klinische Erprobung von IL-2 begonnen, und zwar in einem Stadium, bevor die Immunschwäche sich voll ausprägt. Sollte es gelingen, HIV-infizierte Zellen durch IL-2-aktivierte *T*- und NK-Zellen abzutöten, bevor sich das Virus im Organismus breit macht, ließe sich möglicherweise der lebenswichtige Abwehrapparat dieser Patienten erhalten.

Aber auch genau das Gegenteil, die Immunfunktion zu unterdrücken, wird in den Industrienationen zunehmend wichtiger – nicht nur wegen der immer zahlreicheren Organtransplantationen, sondern weil Autoimmunerkrankungen hier besonders häufig sind. Die heute verfügbaren Immunsuppressiva wirken sehr breit; zudem muß der Patient sie sehr lange einnehmen und ist daher ernsthaft selbst durch sonst harmlose Infektionen gefährdet. Man braucht also unter anderem ein Mittel, das ausschließlich die fremdes Gewebe angreifenden Immunzellen unterdrückt und die übrigen verschont. Solch spezifisches Verhalten darf man erwarten, wenn man den Kontakt zwischen IL-2 und seinem Rezeptor gezielt unterbindet.

In den 30 Jahren, seit Burnet seine Klon-Selektionstheorie formuliert hat, ist ein detailliertes Konzept von den zellulären und molekularen Steuerungsprozessen im Immunsystem erarbeitet worden. Das Interleukin 2, das Immunzellen zur Vermehrung und Klonbildung anregt, nachdem sie auf ihr Antigen gestoßen sind, hat sich als entscheidender Faktor der Abwehr erwiesen. Seit man seine Funktion besser versteht, kann man auch neue Mittel und Wege finden, Krankheiten zu bekämpfen und das Immunsystem gezielt für die jeweiligen Zwecke zu beeinflussen.

Adoptive Immuntherapie von Krebs

Die natürliche Abwehr des Organismus auch gegen Krebszellen zu lenken, ist Ziel verschiedener neuer Behandlungsansätze. Bei der adoptiven Immuntherapie, auch Zelltransfertherapie genannt, werden patienteneigene Abwehrzellen außerhalb des Körpers trainiert oder sogar genmanipuliert und dann rückübertragen.

Von Steven A. Rosenberg

Im Jahre 1968 hatte ich als Assistenzarzt in der Chirurgie eines Bostoner Krankenhauses einen 63jährigen Patienten mit den für eine Gallensteinkolik ganz charakteristischen Bauchschmerzen aufzunehmen. Wir mußten ihm die Gallensteine entfernen – eigentlich ein Routineeingriff, wäre da nicht seine außergewöhnliche Vorgeschichte gewesen.

Zwölf Jahre zuvor hatte dieser Mann sich in demselben Krankenhaus einer Magenkrebsoperation unterziehen müssen. Der Tumor im Magen wurde entfernt, um wenigstens die Beschwerden zu lindern; aber wie so oft hatte er bereits mit Tochtergeschwülsten auf die Leber übergegriffen. Hier war nichts mehr zu machen. Der Patient wurde ohne weitere Nachbehandlung nach Hause geschickt; seine Ärzte gaben ihm nur noch wenige Monate zu leben.

Drei Monate später indes, bei einer Nachuntersuchung, war er überraschenderweise besser bei Kräften. In den folgenden Monaten ging es immer weiter aufwärts mit ihm, und schließlich hörten die Ärzte nichts mehr von ihm – bis zu der Gallenblasenoperation. Von Krebs fanden wir keine Spur mehr, er hatte sich völlig rückgebildet.

Ein solch spontanes, allerdings äußerst seltenes Verschwinden wird oft als Beleg dafür herangezogen, daß die körpereigene Immunabwehr außer gegen Krankheitserreger und andere Fremdkörper (Organtransplantate eingeschlossen) manchmal auch gegen Krebs – also gleichsam amoklaufende Abkömmlinge körpereigener Zellen – erfolgreich Front macht. Und dies hat viele Wissenschaftler angespornt, nach Immuntherapien gegen

Krebs zu suchen; nach Möglichkeiten, die natürliche Fähigkeit des Immunsystems, Krebszellen auszumerzen, irgendwie zu wecken und zu fördern. Besonders wichtig wäre dies, um der tückischen Gefahr von bösartigen Tumoren zu begegnen: der Bildung von Tochtergeschwülsten, von Metastasen. Krebszellen vermehren sich ja nicht nur unkontrolliert, sie können sich auch absiedeln und anderswo einnisten.

Im Laufe der letzten zehn Jahre haben auch meine Kollegen und ich am amerikanischen Nationalen Krebsinstitut in Bethesda (Maryland) Immuntherapien gegen Krebs entwickelt und versuchsweise am Menschen erprobt. Bei einigen Patienten mit Krebs in fortgeschrittenen Stadien, die auf andere Behandlungen nicht mehr ansprachen, haben sich die lebensbedrohenden Wucherungen entarteter Zellen zurückgebildet.

Meine Arbeitsgruppe beschäftigt sich hauptsächlich mit der sogenannten adoptiven Immuntherapie, auch Zelltransfertherapie genannt. Dafür entnehmen wir einem Krebspatienten Abwehrzellen und erziehen sie sozusagen erst dazu, gegen den Krebs vorzugehen, oder steigern ihre ohnehin vorhandene Fähigkeit, Krebszellen abzutöten. Danach injizieren wir sie in die Blutbahn zurück.

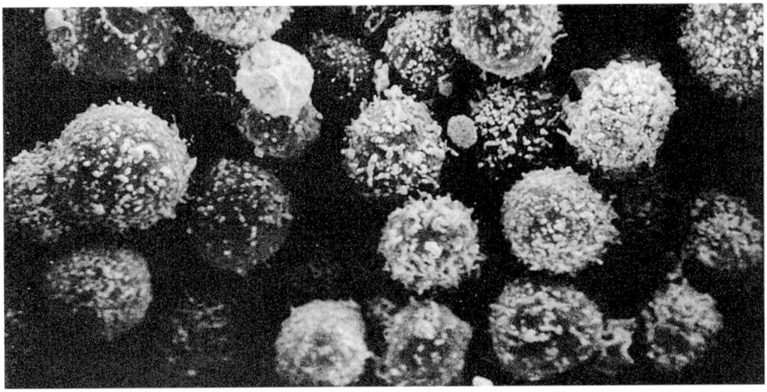

Bild 1 Die rasterelektronenmikroskopische Aufnahme zeigt spezielle *T*-Lymphocyten aus dem Tumor eines Krebspatienten, die in einem Hohlfasersystem kultiviert wurden. Sie sind eine neue, noch experimentelle Waffe gegen Krebs: tumorinfiltrierende Lymphocyten (TILs), die eben jenen Tumor erkennen und angreifen können, aus dem sie stammen. Erste Untersuchungen deuten darauf hin, daß eine adoptive Immuntherapie – die Infusion krebsbekämpfender Zellen, die aus dem Immunsystem der Patienten selbst gewonnen werden – bei einigen Patienten mit fortgeschrittenem Melanom (einem pigmentsammelnden Hautkrebs) hilfreich sein kann: Im klinischen Test verkleinerten sich die Tumoren in etlichen Fällen oder verschwanden sogar. Zusätzlich muß aber dabei Interleukin 2 verabreicht werden.

Kombinieren läßt sich diese Therapie mit einer anderen, auch allein einsetzbaren, die Immunzellen direkt im Körper anregen soll, ihre Antikrebsaktivitäten zu entfalten. Dazu verabreichen wir spezielle für die Immunreaktion bedeutsame Botenmoleküle, die sich gentechnisch in ausreichender Menge produzieren lassen. Verschiedene Versionen unserer Therapien sind inzwischen an vielen Krebszentren verfügbar; andere Varianten, von denen wir uns noch größere Wirksamkeit erhoffen, untersuchen wir derzeit eingehend.

Viele Schwierigkeiten sind jedoch noch zu überwinden; Immuntherapien können aufwendig und teuer und zudem mit schweren Nebenwirkungen behaftet sein. Dennoch werden sich die Zelltransfer- und andere Immuntherapien einen Platz neben den drei herkömmlichen Vorgehensweisen erobern: der Operation, um abgegrenzte Tumormassen zu entfernen, der Bestrahlung, um nicht entfernbares Tumorgewebe zu verkleinern oder abzutöten, und schließlich der Chemotherapie, um medikamentös Metastasen im ganzen Körper zu bekämpfen.

Neue Behandlungsmethoden sind dringend erforderlich. Allein oder in Kombination lassen sich mit Stahl, Strahl und Chemotherapie lediglich gut ein Drittel aller Krebspatienten heilen. Zudem bleiben die Zahl der Neuerkrankungen und damit die der Todesfälle hoch: Jeder vierte erkrankt an Krebs, jeder sechste in den Vereinigten Staaten und in Europa stirbt daran. Allein 1988 forderte Krebs unter den US-Bürgern mehr als 485 000 Todesopfer, weit mehr als der Zweite Weltkrieg (nahzu 300 000) und der Vietnamkrieg (46 000) zusammen.

Immuntherapien sind eine vielversprechende Ergänzung der herkömmlichen Verfahren, weil sie wie die Chemotherapie die Bekämpfung von Metastasen im ganzen Körper ermöglichen – allerdings weit selektiver. Denn das Immunsystem attackiert normalerweise nur befallene oder entartete Zellen und verschont gesunde. Deshalb ließen sich wohl Immuntherapien entwickeln, die weitaus spezifischer als Chemotherapeutika wären, die oft recht wahllos alle sich stark teilenden Zellen angreifen.

Die körpereigene Abwehr

Die Idee, die schlummernden Kräfte des eigenen Immunsystems zur Bekämpfung der Krebszellen zu wecken, ist eigentlich nicht neu. Bereits zu Beginn des 20. Jahrhunderts versuchten einige Ärzte dies mit Injektionen abgetöteter Bakterien. Andere versuchten, ihre Patienten mit den eigenen zuvor entnommenen Krebszellen nach Art einer Impfung zu immunisieren, also eine krebsspezifische Immunantwort zu provozieren. All diese Versuche verliefen damals wenig erfolgreich; inzwischen aber ist ein Durchbruch gelungen (siehe den Artikel *Krebsimpfung mit Tumorzellen* von Volker Schirrmacher in *Spektrum der Wissenschaft*, Januar 1990).

Neuere Erkenntnisse haben uns ein viel genaueres Bild über die Funktionsweise des Immunsystems vermittelt. Dies, zusammen mit den Fortschritten in der Gentechnologie, hat eben auch neue Therapieansätze eröffnet. So wissen wir heute, daß die Immunantwort auf dem strategischen Zusammenwirken einer ganzen Armee verschiedener Typen von Zellen beruht: weißen Blutkörperchen wie Monocyten, Makrophagen, eosinophilen und basophilen Granulocyten sowie Lymphocyten. Anders als die Zellen eines Gewebeverbandes oder eines Organs haben die Zellen des Immunsystems keinen ständigen Kontakt untereinander; sie zirkulieren zwischen Blutkreislauf und lymphatischem System und patrouillieren so durch den ganzen Körper.

Die Immunzellen haben jeweils unterschiedliche Funktionen, beeinflussen sich aber untereinander auf vielfältige Weise; sie können sogar gegenseitig ihre Aktivitäten steuern. Das Oberkommando in dieser Armee führen die Lymphocyten, die zugleich die Mehrheit des Fußvolks stellen. Von ihnen gibt es zwei Hauptklassen: die *B*- und *T*-Zellen (das *B* steht heute für Knochenmark, englisch *bone marrow*, das *T* für Thymus, den Reifungsort dieser Zellen). Beide sorgen für die Spezifität der Immunantwort.

B-Zellen steuern den humoralen, den antikörpervermittelten Teil der Immunantwort, durch den Bakterien oder andere eingedrungene Fremdstoffe neutralisiert, also unschädlich gemacht werden. Jede *B*-Zelle erkennt über ihre Rezeptoren nur ein bestimmtes Antigen: ein als fremd identifizierbares Molekül eines Bakteriums etwa. Im aktivierten Zustand sondert sie Antikörper ab, die an eben dieses Antigen andocken und für andere Komponenten des Immunsystems als zu zerstörendes Ziel markieren.

Die *T*-Zellen steuern die sogenannte zellvermittelte Immunität, also die Zerstörung körperfremder Gewebe und infizierter oder auch entarteter körpereigener Zellen. Es gibt verschiedene Sorten von *T*-Zellen: Helfer- und Suppressorzellen, welche die Immunantwort fördern beziehungsweise drosseln, sowie cytotoxische oder auch Killerzellen, die anomale Zellen unmittelbar abtöten.

Wie die *B*-Zellen tragen auch die *T*-Zellen nur Rezeptoren für ein jeweils ganz bestimmtes Antigen. Sobald eine davon auf einer anderen Zelle ihr spezielles Antigen erkennt und daran andockt, wird sie aktiviert. Sie kann sich jetzt vermehren und, sofern sie selbst cytotoxisch ist, die gebundene Zelle abtöten. Manchmal tragen nun auch Krebszellen Antigene, die auf gesunden Zellen nicht vorkommen; dies könnte *T*-Zellen mit passenden Rezeptoren aktivieren.

In den siebziger und achtziger Jahren schälte sich heraus, daß Immunzellen sich oft gegenseitig kontrollieren, indem sie kleine Mengen hochwirksamer Proteinhormone, Cytokine genannt, ausscheiden. Anders als klassische Hormone wie Insulin, die in der Blutbahn kreisen, entfalten die nun identifizierten Proteine – unter ihnen Lymphokine (Hormone von Lymphocyten) und Monokine (solche von Monocyten und Makrophagen) – ihre Wirkung nur lokal.

Die ersten Ansätze

Aufgrund der neueren Erkenntnisse über das Immunsystem verfolgte meine Arbeitsgruppe verschiedene Strategien zur Entwicklung von Immuntherapien. Unser Hauptaugenmerk galt und gilt einer adoptiven Immuntherapie mit Lymphocyten, deren Spezifität wir uns zunutze machen zu können hoffen. Wir untersuchen aber derzeit auch die Auswirkungen einer Behandlung mit Cytokinen, welche die krebsbekämpfenden Aktivitäten der im Körper patrouillierenden Lymphocyten fördern sollen.

Bei der Entwicklung einer Zelltransfertherapie für Krebskranke standen wir anfangs vor einem großen Problem: Es gab noch keine Möglichkeit, jene Lymphocyten aus Patienten zu isolieren und in großer Zahl zu vermehren, die überhaupt Antikrebsaktivitäten aufwiesen. Tierversuchen nach erschien der Ansatz an sich jedoch als durchaus vielversprechend; durch wiederholte Immunisierung mit Krebszellen war es bei Tieren immerhin gelungen, entsprechend wirksame Zellen zu bekommen. Und Ende der sechziger Jahre hatten Peter Alexander vom Chester-Beatty-Forschungsinstitut in London und Alexander Fefer von der Universität von Washington in Seattle sogar erreichen können, daß sich die Tumoren von Mäusen zurückbildeten, indem sie den Tieren Lymphocyten immunisierter Mäuse desselben Inzuchtstammes ins Blut injizierten. (Da die Inzuchttiere genetisch und immunologisch identisch sind, werden die übertragenen Lymphocyten wie eigene akzeptiert und nicht zerstört.) Ein gangbarer Weg, menschliche Lymphocyten für eine entsprechende Anwendung am Menschen zu züchten, war jedoch noch nicht gefunden.

Meine ersten Versuche einer Zelltransfertherapie am Menschen entsprangen denn auch schierer Verzweiflung. Im Jahre 1968, kurz nach meiner Begegnung mit dem Patienten, dessen Magenkrebs spontan verschwunden war, erhielt ich eine Blutkonserve von ihm, die ich einem anderen Patienten mit Magenkrebs im Endstadium infundierte. Die Krankheit nahm aber unbeirrt ihren Lauf. Genauso erfolglos verliefen ähnliche Versuche anderer Ärzte.

Später behandelte ich eine Reihe von Krebspatienten mit Lymphocyten von Schweinen, die mit Tumorzellen des jeweiligen Patienten immunisiert worden waren. Die Schweinelymphocyten schadeten trotz ihrer großen

Menge nicht – aber sie halfen auch nicht. Obwohl das Konzept theoretisch erfolgversprechend schien, kam man einfach nicht weiter – gelähmt durch das Unvermögen, die erforderliche Anzahl menschlicher Zellen zu isolieren und zu züchten.

Neuen Auftrieb gab erst eine Entdeckung im Jahre 1976. Damals berichteten Robert C. Gallo und seine Mitarbeiter am amerikanischen Nationalen Krebsinstitut über einen *T*-Zell-Wachstumsfaktor, der heute als Interleukin 2 (IL-2) bekannt ist. Dieses Cytokin wird von *T*-Helfer-Zellen produziert und regt diese sowie antigenstimulierte cytotoxische *T*-Zellen zur Vermehrung an (siehe den Beitrag *Interleukin 2: Ein Hormon im Immunsystem* von Kendall A. Smith in diesem Buch).

Die Entdeckung von Interleukin 2 und die darauf basierende Einführung von Methoden zur Züchtung von *T*-Zellen eröffneten einen neuen nun denkbaren Weg: Wenn es irgendwie gelänge, eine winzige Menge tumorspezifischer *T*-Zellen eines Krebspatienten zu isolieren, dann sollte sich wohl daraus im Labor die für eine Zelltransfertherapie notwendige Menge heranzüchten lassen.

Uns war freilich klar, daß wir selbst dann vor einem ersten Test an Menschen zunächst einmal im Tierversuch nachweisen mußten, daß kultivierte Zellen ihre ursprünglichen Eigenschaften behalten und nach Injektion beim Empfänger eine wirksame Antikrebsreaktion auslösen. Noch während wir nach Möglichkeiten suchten, tumorsensitive *T*-Zellen beim Menschen zu identifizieren, unternahmen wir daher verschiedene Studien an Tieren mit deren kultivierten Lymphocyten.

Im Jahre 1981 zeigte Maury Rosenstein, eine promovierte Mitarbeiterin meines Labors, an Mäusen, daß kultivierte *T*-Zellen nach der Injektion weiterhin ihr Antigen erkennen: Fremde Hauttransplantate wurden danach beschleunigt abgestoßen. Kaum ein Jahr danach demonstrierten dann Timothy J. Eberelin, ein chirurgischer Assistenzarzt, und ich, daß solche Zellen bei Mäusen die Rückbildung von ausgedehnten metastasierenden Tumoren bewirken konnten.

Wir benutzten für diese Versuche eine verfeinerte Version einer Methode, die zuerst Fefer und seine Mitarbeiter erfolgreich angewendet hatten. Sie hatten zunächst in der Bauchhöhle von Mäusen die Bildung von Lymphomen – Tumoren des lymphatischen Gewebes – provoziert. Injizierten sie in die Bauchhöhle dann kultivierte *T*-Zellen immunisierter Mäuse, so bildeten sich die Tumoren zurück. Eberelin hingegen injizierte Zellen solcher Lymphome in die Pfoten von Mäusen, wartete ab, bis der dort wachsende Tumor Metastasen gebildet hatte, und spritzte dann kultivierte *T*-Zellen immunisierter Mäuse in die Blutbahn.

Außer dem Tumor in den Pfoten konnten sich, wie wir feststellten, auch abgesiedelte Krebszellen im Blut und Metastasen in den Lymphknoten völlig zurückbilden. Dies war ein wichtiges Ergebnis, bedeutete es doch, daß die kultivierten *T*-Zellen nicht unmittelbar in den Tumor gebracht werden müssen. Befanden sie sich erst einmal in der Blutbahn, spürten sie Krebszellen von ganz allein auf.

In späteren Studien zeigte John J. Donohue, ein anderer chirurgischer Assistenzarzt meines Labors, daß Interleukin 2 und kultivierte *T*-Zellen in Kombination die Antitumorwirkung der Zelltransfertherapie noch steigern. Eine Krebsrückbildung ließ sich dann bereits mit weniger *T*-Zellen erzielen – vermutlich, weil das Cytokin die übertragenen Zellen dazu brachte, sich im Körper des Empfängers zu vermehren.

Die LAK-Zellen

So ermutigend diese Erfolge auch waren, das ungelöste Problem, menschliche *T*-Zellen mit Antitumoraktivität zu isolieren, vereitelte noch immer weitere Fortschritte. Auf der Suche nach einer Lösung wies uns schließlich 1980 ein unerwarteter Befund über Interleukin 2 den Weg zu unserer ersten adoptiven Immuntherapie gegen Krebs beim Menschen.

Gemäß unserer Überlegung, daß die höchste Konzentration an tumorspezifischen Lymphocyten im Tumor selbst zu finden sein müßte (sofern der Körper eine Immunreaktion in Gang gebracht hatte), kultivierten Ilana Yron und Paul J. Spiess dem Tumor entnommenes Gewebe in Gegenwart von Interleukin 2. Sie hofften, dadurch die für diesen Tumor typische Population weißer Blutkörperchen vergrößern und isolieren zu können. Zu ihrer Überraschung starben innerhalb von drei bis vier Tagen, noch vor einer Vermehrung der Lymphocyten, die diesen benachbarten Krebszellen ab. Allem Anschein nach konnte Interleukin 2, was bislang unbekannt war, bestimmte Lymphocyten dazu bringen, Krebszellen zu erkennen und zu töten.

Dies bot uns einen Ausweg aus unserem Dilemma: Wir mußten vermutlich gar nicht erst jene Lymphocyten ausfindig machen, die bereits gegen den Krebs eines Patienten aktiviert waren, sondern konnten genausogut ruhende Zellen zum Angriff bewegen. In Folgestudien bestätigte sich dies; denn nachdem Lymphocyten aus der Milz gesunder Mäuse drei Tage in Gegenwart von Interleukin 2 kultiviert worden waren, vernichteten sie Tumorzellen.

An menschlichen Zellen beobachteten Michael T. Lotze, ein Assistenzarzt, und ich ähnliches: Lymphocyten aus dem Blut Gesunder konnten, mit Interleukin 2 versetzt, außerhalb des Organismus menschliche Krebszellen unterschiedlicher Herkunft abtöten – darunter solche von pigmentanreichernden Hauttumoren (Melanomen) sowie von Darm- und auch von Bindegewebskrebs (Sarkomen). Normale Zellen hingegen ließen die lymphokinaktivierten Killerzellen – LAK-Zellen, wie wir sie später nannten – unbehelligt.

Ihre Abstammung barg eine weitere Überraschung: Sie waren, wie Elizabeth A. Grimm in meinem Labor feststellte, weder cytotoxische noch überhaupt irgendeine Art von *T*-Zellen; es waren auch keine *B*-Zellen. Sie leiteten sich demnach von den sogenannten Null-Zellen ab, die nur etwa fünf Prozent aller im Blut kreisenden Lymphocyten ausmachen, aber bei allen Säugetieren vorkommen. Diese Population scheint Teil eines primitiven, unspezifischen immunologischen Überwachungssystems zu sein, das entartete oder anderweitig veränderte Zellen eliminiert, ohne daß vorher ein bestimmtes Antigen erkannt werden müßte. Da die LAK-Zellen verschiedene Typen von Tumorzellen in Kultur abtöten konnten, erwarten wir, daß eine Injektion davon möglicherweise auch Krebskranken helfen würde.

Zunächst aber mußten wir diese Form einer Immuntherapie im Tierversuch prüfen. Erste Erfolge an unserem Labor erzielte 1984 die Kinderonkologin Amitabha Mazumder, als sie Mäusen mit Melanomen, die bereits Tochtergeschwülste gebildet hatten, LAK-Zellen intravenös verabreichte. Zwei Wochen später enthielten die Lungen behandelter Tiere wesentlich weniger Krebszellen als die der unbehandelten. Anschließend wiesen James J. Mulé und ich nach, daß die gleichzeitige Verabreichung von Interleukin 2 die Antitumoraktivität der LAK-Zellen noch steigerte – ganz ähnlich, wie wir das früher schon mit *T*-Zellen immunisierter Mäuse erlebt hatten (Bild 2 links).

Warum verbesserte Interleukin 2 die therapeutische Wirksamkeit der LAK-Behandlung? Zusammen mit dem chirurgischen Assistenzarzt Stephen E. Ettinghausen entdeckte ich, daß sich übertragene LAK-Zellen durch zusätzliches Interleukin in den Organen der Mäuse teilen, ohne das Cytokin hingegen nicht. Aus all dem war zu schließen, daß LAK-Zellen bei Tieren zu den im Körper verteilten Krebsherden gelangen können, wo sie sich dann unter dem Einfluß von zusätzlichem Interleukin vermehren und die Tumorzellen zerstören.

Die Frage war nun, ob nicht bei Mäusen schon Cytokininjektionen allein die tumorzerstörenden Fähigkeiten vorhandener Lymphocyten wecken könnten. Allerdings würde man dafür wahrscheinlich mit hohen Dosen arbeiten müssen, da die Nieren zirkulierendes Interleukin schnell außer Gefecht setzen. Den Versuch konnten wir erst starten, nachdem das Gen für Interleukin 2 kloniert und auch die gentechnische Produktion des Cytokins angelaufen war. Bei sehr hoher Dosierung zeigte sich im Tierexperiment tatsächlich eine Antitumorwirkung, allerdings weniger beeindruckend als bei Kombination von Interleukin 2 und LAK-Zellen.

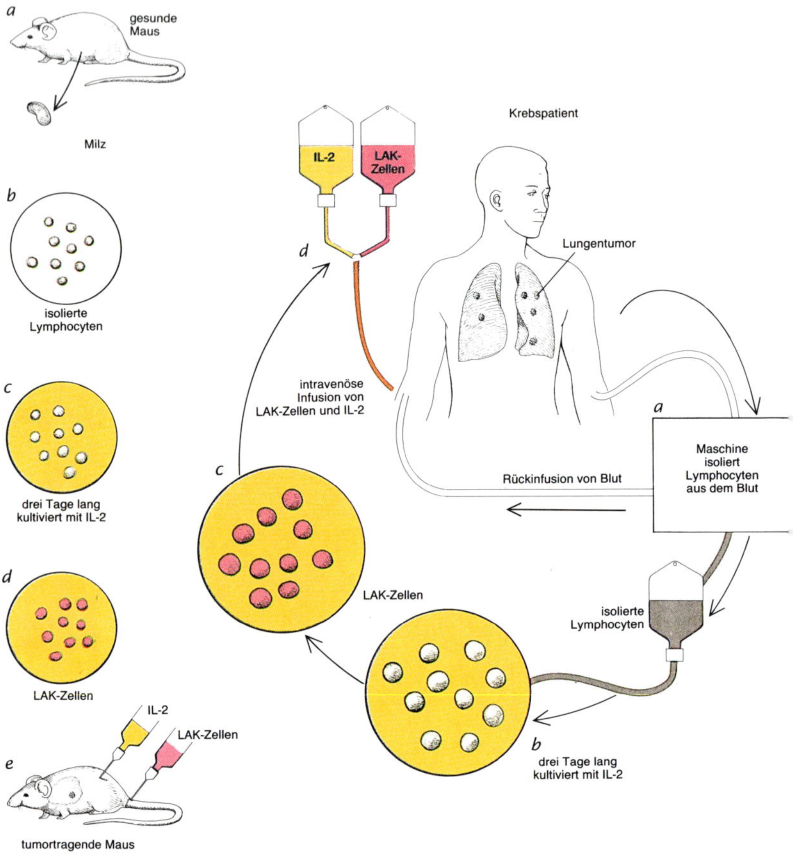

Bild 2 Lymphokinaktivierte Killerzellen (LAK-Zellen) sind eine vielversprechende Waffe gegen Krebs im Versuchsstadium. Bei Tierexperimenten wurde zunächst gesunden Mäusen (links) die Milz entfernt (*a*); die daraus isolierten Lymphocyten (*b*) wurden dann drei Tage lang mit Interleukin 2 (IL-2) kultiviert (*c*). Dieses hormonähnliche Produkt der *T*-Zellen veranlaßt bestimmte Lymphocyten, die sogenannten Null-Zellen, sich in LAK-Zellen umzuwandeln (*d*), die verschiedene Krebsarten erkennen und angreifen können. Sie wurden dann zusammen mit Interleukin 2 tumortragenden Mäusen injiziert – mit gewissem Erfolg (*e*). Für Versuche am Menschen (rechts) werden Lymphocyten maschinell aus der Blutbahn isoliert (*a*) und mit Interleukin 2 kultiviert (*b*); das restliche Blut erhält der Patient zurück. Die so gewonnenen LAK-Zellen (*c*) werden den Patienten in einer Dosis von etwa 50 Milliarden Zellen zusammen mit Interleukin 2 intravenös verabreicht (*d*).

Erprobung am Menschen

Nach vorbereitenden klinischen Studien mit Killerzellen, die statt durch Cytokine durch andere Immunstimulatoren aktiviert worden waren, begannen wir Anfang 1984 mit Versuchen der Phase I beim Menschen. Sie dienten dazu, die Sicherheit sowie die höchste noch tolerable Dosis von LAK-Zellen und Interleukin 2 festzustellen. Da keine der beiden Komponenten je zuvor an Patienten getestet worden war, konnten wir sie nicht gleich kombinieren und mußten jede erst einmal getrennt prüfen. Alle an diesen und den nachfolgenden Versuchen teilnehmenden Patienten litten an fortgeschrittenem, auf keine Standardtherapie ansprechendem Krebs und hatten höchstens noch einige Monate zu leben.

Sechs Patienten injizierten wir aktivierte LAK-Zellen, also eigene, aus dem Blut isolierte Lymphocyten, die einige Tage mit Interleukin 2 kultiviert worden waren (Bild 2 rechts); 39 andere Patienten erhielten ausschließlich unterschiedliche Dosen von Interleukin 2. Bei keinem zeigte sich irgendeine erkennbare Reaktion gegen den Tumor. Nachdem die Nahrungs- und Arzneimittelbehörde (Food and Drug Administration, FDA) unsere Ergebnisse überprüft hatte, gestattete sie uns noch im selben Jahr, versuchsweise Patienten mit fortgeschrittenem Krebs mit einer Kombination von LAK-Zellen und Interleukin 2 zu behandeln.

Eine 29jährige Krankenschwester aus Florida war eine der ersten. Sie litt an Melanomen, die sich über ihren gesamten Körper ausgebreitet hatten; betroffen waren unter anderem Arme, Oberschenkel, Rücken und Gesäß. Einige Geschwülste hatte man zwar chirurgisch entfernt, aber dafür waren an anderen Stellen neue aufgetaucht, die einer Therapie mit Interferon hartnäckig widerstanden. Im November 1984 begannen wir bei ihr mit der Kombinationstherapie: Binnen drei Monaten verschwanden alle Tumore, und seit mehr als fünf Jahren ist sie nun krebsfrei.

Ihren Fall veröffentlichten wir zusammen mit 24 anderen 1985 im *New England Journal of Medicine* – als den ersten Beleg dafür, daß sich mit einer gezielten Aktivitätssteigerung der patienteneigenen Lymphocyten eine Rückbildung von Krebs erreichen läßt. Inzwischen haben wir unsere Therapie an mehr als 150 Patienten mit fortgeschrittenem Krebs – überwiegend Melanomen oder Nierenkrebs – erprobt. (Die ursprünglichen Tumoren waren zumeist entfernt worden, hatten aber bei allen Patienten Metastasen hinterlassen.) Bei rund zehn Prozent der Patienten mit Melanomen oder Nierenkrebs bildeten sich die Tumoren völlig zurück, bei weiteren zehn Prozent der Melanom- und bei 25 Prozent der Nierenkrebspatienten schrumpfte die Tumormasse um mindestens die Hälfte (Bild 3). Auch bei fortgeschrittenen Non-Hodgkin-Lymphomen oder Darmkarzinomen ließ sich eine vollständige oder teilweise Rückbildung erreichen (Bild 4 links).

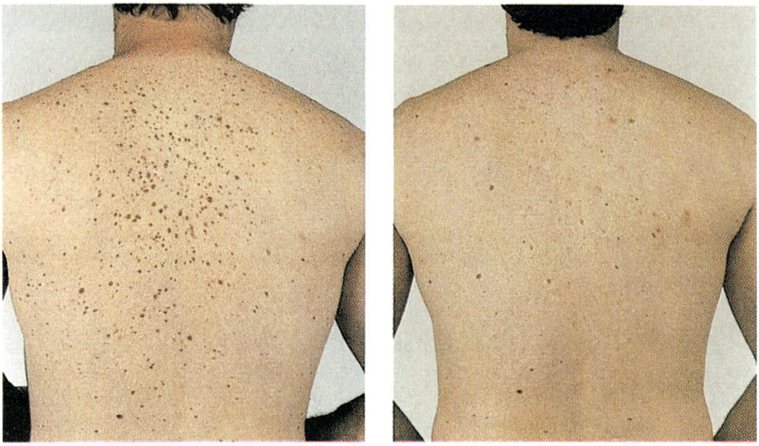

Bild 3 Melanome, die sich über den ganzen Rücken eines Patienten ausgebreitet hatten (linke Aufnahme), verschwanden nach einer Infusion von LAK-Zellen und Interleukin 2 (rechte Aufnahme). Bei ungefähr zehn Prozent der behandelten Patienten mit Melanomen oder Nierenkrebs in fortgeschrittenen Stadien bildeten sich die Tumoren vollständig zurück.

Was nun die einzelnen befallenen Gewebe anbelangt, so schrumpften oder verschwanden Metastasen aus Lungen-, Leber-, Knochen-, Haut- und Unterhautgewebe.

Die Therapie scheint bei Menschen auf ganz ähnliche Weise zu wirken wie bei Mäusen. Denn die verbliebenen Krebsknoten behandelter Patienten waren, wenn wir sie herausoperierten, mit eingewanderten Lymphocyten durchsetzt und enthielten viele tote Tumorzellen. Offensichtlich wandern LAK-Zellen und andere Lymphocyten in Tumorherde ein, wo sie sich – unter Dauerzufuhr von Interleukin 2 – vermehren und den Tumor schrumpfen lassen. Hohe Dosen von Interleukin 2 allein können, wie sich inzwischen gezeigt hat, bei einigen Patienten ebenfalls eine Rückbildung einleiten (Bild 4 rechts). Ob diese Behandlung genauso wirksam ist wie die kombinierte Therapie, bleibt aber noch zu klären.

Insgesamt profitieren ungefähr 20 Prozent der Patienten mit bestimmten fortgeschrittenen Krebsleiden von der kombinierten Immuntherapie, manche unter gewissen Umständen auch von Interleukin 2 allein. Dieser Erfolg wird allerdings vielfach mit Nebenwirkungen erkauft. Die starke Vermehrung der Lymphocyten im Gewebe kann die Funktion lebenswichtiger Or-

Krebsdiagnose	Behandlung mit LAK-Zellen und IL-2				Behandlung nur mit IL-2			
	Zahl der Patienten	völlige Rückbildung	teilweise Rückbildung (mindestens um die Hälfte)	völlige oder teilweise Rückbildung	Zahl der Patienten	völlige Rückbildung	teilweise Rückbildung (mindestens um die Hälfte)	völlige oder teilweise Rückbildung
Nierenkrebs	72	8	17	25 (35%)	54	4	8	12 (22%)
Melanom	48	4	6	10 (21%)	42	0	10	10 (24%)
Darmkrebs	30	1	4	5 (17%)	12	0	0	0
Non-Hodgkin-Lymphom	7	1	3	4 (57%)	11	0	0	0
Sarkom	6	0	0	0	—	—	—	—
Lungenkrebs	5	0	0	0	—	—	—	—
Brustkrebs	—	—	—	—	3	0	0	0
andere	9	0	0	0	8	0	0	0
gesamt	177	14	30	44 (25%)	130	4	18	22 (17%)

Bild 4 Mehr als 300 Patienten mit fortgeschrittenem Krebs sind bis heute entweder mit einer Kombination aus LAK-Zellen und Interleukin 2 oder nur mit dem Cytokin behandelt worden; auch mit ihm allein ist bei Mäusen und Menschen eine gewisse Rückbildung zu erzielen. Die Kombinationstherapie ist allerdings – zumindest bei Mäusen – wirkungsvoller. Für Menschen fehlen ausreichende Daten noch.

gane beeinträchtigen. Hohe Dosen von Interleukin 2 lassen solche Mengen an Flüssigkeit aus dem Blut ins Gewebe übertreten, daß der Effekt häufig als Gewichtszunahme zu bemerken ist. Seltener beeinträchtigt die eingelagerte Flüssigkeit die Lungenfunktion und damit die Sauerstoffversorgung der Gewebe. Gelegentlich sterben Patienten sogar an den Auswirkungen von Interleukin 2; allerdings trifft dies nur etwa jeden hundertsten – die Rate ist mithin geringer als bei fast jeder systemischen Chemotherapie für Krebspatienten in fortgeschrittenen Stadien. Bei 99 Prozent unserer Patienten klingen die Nebenwirkungen nach Abschluß der Behandlung rasch ab.

Wohlgemerkt, noch immer befinden sich unsere beiden Immuntherapien im Versuchsstadium. Seit 1987 gestattet jedoch die FDA verschiedenen ausgesuchten Krebszentren in den Vereinigten Staaten die Behandlung von Patienten mit fortgeschrittenen Melanomen oder Nierenkarzinomen.

Tumorinfiltrierende Lymphocyten

Die ermutigenden Resultate mit LAK-Zellen veranlaßten uns, nach noch wirkungsvolleren Zellen gegen Krebs zu suchen. Wir wurden vor ungefähr vier Jahren fündig, nachdem wir unsere abgebrochenen Forschungsarbeiten zur Identifizierung von Zellen, die bereits im Patienten gegen seinen Krebs aktiviert worden waren, wieder aufgenommen hatten. Da wie erwähnt im Tumor selbst – wenn überhaupt – die höchste Konzentration solcher Lymphocyten zu erwarten war, entwickelten wir diesmal neue Techniken für die Isolierung.

Bei einem Verfahren entnahmen wir einem Versuchstier einen kleinen Tumor, dauten ihn zur Vereinzelung der Zellen enzymatisch an und setzten dann der Kultur mehrere Wochen Interleukin 2 zu. LAK-Zellen vermehren sich gewöhnlich nur etwa zehn Tage lang, doch andere tumortötende Lymphocyten wucherten unter dem Einfluß des Wachstumsfaktors weiter und ersetzten schließlich die sterbenden Tumorzellen völlig. Sie erwiesen sich als klassische cytotoxische *T*-Zellen und hatten, anders als LAK-Zellen, genau die Spezifität, nach der wir schon immer gesucht hatten: Bringt man solche tumorinfiltrierenden Lymphocyten (TILs), wie wir sie nannten, in Kulturschalen mit verschiedenen Tumorzellen zusammen, so töten sie gewöhnlich nur die des Tumors, aus dem sie stammen. Dies lieferte ein hervorragendes Indiz dafür, daß zumindest bei manchen Krebskranken wirklich eine tumorspezifische Immunreaktion in Gang kommt.

Bei Mäusen erwiesen sich unsere cytotoxischen TILs als 50- bis 100mal wirksamer als LAK-Zellen: Wenn für eine 50prozentige Krebsrückbildung im Tierversuch beispielsweise 100 Millionen LAK-Zellen nötig wären, würden nun nur ein bis zwei Millionen TILs reichen – ein Ergebnis, das wir 1986 veröffentlichten. Auch eliminierten TILs ausgedehnt metastasierende Tumoren von Mäusen effizienter.

Vor einiger Zeit haben wir die Wirksamkeit der TIL-Therapie beim Menschen zu untersuchen begonnen. Den Patienten wurde zunächst ein ungefähr pflaumengroßer Tumorknoten – gewöhnlich unter lokaler Betäubung – entnommen. Die Zellausbeute daraus – rund 50 Millionen Tumorzellen nebst infiltrierenden Lymphocyten – haben wir so lange mit Interleukin 2 kultiviert, bis die Krebszellen abgestorben und durch Massen sich vermehrender TILs ersetzt worden waren. Den Patienten wurden dann 200 Milliarden dieser Zellen zusammen mit Interleukin 2 intravenös verabreicht (Bild 5).

Die Ergebnisse über die ersten 20 behandelten Patienten – alle mit Melanomen – wurden im Dezember 1988 im *New England Journal of Medicine* veröffentlicht, fast genau drei Jahre nach unserem Bericht über die ersten erfolgreichen Versuche mit LAK-Zellen beim Menschen. Von den Kranken hatten 15 nie zuvor Interleukin 2 bekommen, bei neun von ihnen bildeten sich die Melanome auf mindestens die Hälfte zurück (Bild 6). Dies geschah auch bei zwei der fünf Patienten, die früher erfolglos mit hohen Dosen Interleukin 2 behandelt worden waren. Somit hatten 55 Prozent unserer ersten Gruppe auf die Therapie positiv angesprochen – das war das Dop-

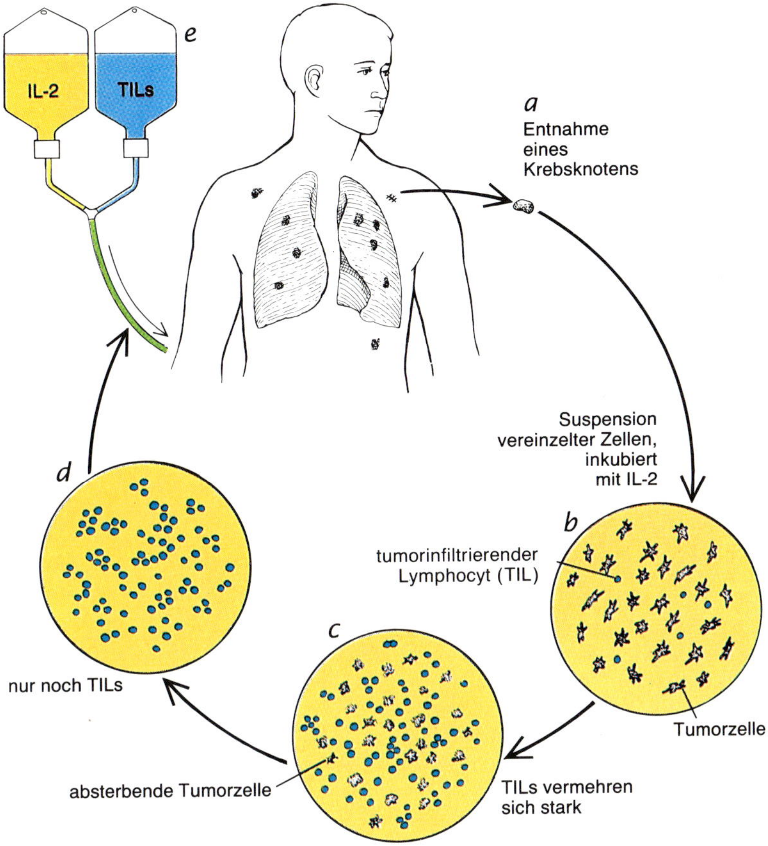

Bild 5 Die Gewinnung tumorinfiltrierender Lymphocyten (TILs), die wirkungsvoller als LAK-Zellen zu sein scheinen, beansprucht mindestens einen Monat. Dazu trennt man die Zellen eines entnommenen Krebsknotens (*a*) durch Enzyme voneinander und kultiviert sie mit Interleukin 2 (*b*). Daraufhin vermehren sich die ehedem im Tumor verstreuten Lymphocyten – die TILs (blau) – vehement und greifen die Krebszellen an (*c*). Nach 30 bis 45 Tagen haben sie alle Tumorzellen beseitigt (*d*). Rund 200 Milliarden dieser Lymphocyten werden dann dem Patienten gemeinsam mit Interleukin 2 verabreicht (*e*).

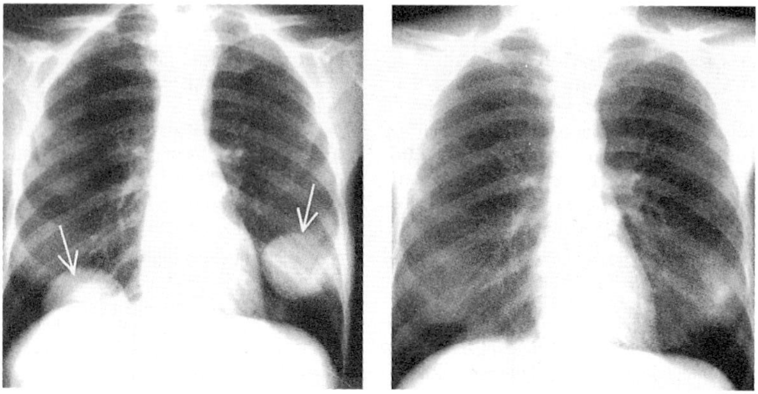

Bild 6 Das Röntgenbild vom Oktober 1987 (links) zeigt Melanommetastasen in der Lunge eines Patienten. Nach einer Behandlung mit TILs und Interleukin 2 war der größte Teil der Tumormasse bis Dezember verschwunden (rechts). Bei elf von zwanzig derart Behandelten haben sich die Geschwülste um mindestens die Hälfte rückgebildet.

pelte als bei unseren früheren Versuchen mit LAK-Zellen und Interleukin 2. Noch können wir allerdings nicht sagen, wie lange der Erfolg durchschnittlich anhält, wenngleich es Tumoren gibt, die schon länger als ein Jahr oder wenigstens mehrere Monate völlig oder teilweise rückgebildet geblieben sind.

Wie gehen die tumorinfiltrierenden Lymphocyten nun vor? Aufgrund radioaktiver Markierung wissen wir, daß ein Teil davon nach der Infusion zum Krebsherd wandert und sich dort binnen weniger Tage ansammelt. Nach Analysen ihrer Botenribonucleinsäuren, der Matrizen für die Produktion zelleigener Proteine, dürften sie die Tumorzellen – außer durch direkten Kontakt – auch durch selbst produzierte Cytokine, die wiederum eine Vermittlerrolle beim Vernichtungswerk spielen, zerstören.

Da eine TIL-Therapie Interleukin-2-Infusionen beinhaltet, verursacht sie ganz ähnliche Nebenwirkungen wie die LAK-Therapie. Allerdings brauchen die tumorinfiltrierenden Lymphocyten weniger von dieser Substanz, um im Organismus aktiv und überhaupt am Leben zu bleiben. Daher dürften wir künftig mit weniger Interleukin 2 auskommen und die auftretenden Nebenwirkungen dadurch reduzieren können.

Genmanipulierte TILs

Die LAK- wie auch die TIL-Therapie stützen sich auf patienteneigene Zellen, und beide sind für einige Menschen mit bestimmten Krebsarten ein Segen. Ließe sich ihr natürliches therapeutisches Potential durch sorgfältig durchdachte kleine Veränderungen der Erbsubstanz weiter verbessern?

Bei der Entwicklung und Erprobung solcher „Designer-Lymphocyten" arbeiten wir mit zwei anderen Labors zusammen. Die Leiter R. Michael Blaese vom amerikanischen Nationalen Krebsinstitut und W. French Anderson vom Nationalen Institut für Herz, Lunge und Blut beschäftigen sich mit der Entwicklung von Gentransfertechniken, mit denen man einmal angeborene Gendefekte beim Menschen zu korrigieren hofft.

Zusammen mit ihnen entwarf ich 1988 eine Zwei-Phasen-Strategie zur Erprobung gentechnisch veränderter Lymphocyten an Krebspatienten. In der ersten Phase wollten wir den tumorinfiltrierenden Zellen ein fremdes Proteingen einschleusen, dessen Produkt lediglich dazu dienen sollte, sie im Körper zu verfolgen und auch für weitere Untersuchungen wiederzugewinnen. Wir entschieden uns für ein bakterielles Gen, das seinen Träger normalerweise gegen das Antibiotikum Neomycin resistent macht. Da die übertragenen tumorinfiltrierenden Lymphocyten es als einzige ausprägen würden, wären sie leicht zu identifizieren. Solche genmanipulierten Zellen haben wir mittlerweile erstmals Menschen übertragen – wobei zuvor etliche Hürden zu überwinden waren. Ich komme gleich darauf zurück.

In der zweiten, noch im Planungsstadium befindlichen Phase wollen wir den tumorinfiltrierenden Lymphocyten ein Gen einpflanzen, von dem wir uns eine bessere therapeutische Wirksamkeit versprechen. In Frage kommen Gene für den Tumor-Nekrose-Faktor und für Alpha-Interferon (beide Substanzen besitzen Antitumoraktivität) oder vielleicht sogar das Gen für Interleukin 2 selbst.

Nach unserem Plan zur zielstrebigen Verwirklichung der ersten Phase wollten wir einem Patienten mit einem fortgeschrittenen Melanom Tumorgewebe entnehmen und, wie gehabt, tumorinfiltrierende Lymphocyten züchten. Nach etwa zwei Wochen, wenn alle Krebszellen abgestorben waren, sollte ein Teil der Zellen das Gen für die Neomycinresistenz bekommen.

Es gibt heute zwar eine ganze Reihe von Gentransferverfahren für Säugerzellen, aber nur eines davon – mit Retroviren als Genfähre – ist für unsere Zwecke effizient genug. (Retroviren haben RNA als Erbsubstanz, die sie in der Zelle in DNA umschreiben – entgegen der sonst üblichen Reihenfolge.) Entschieden haben wir uns für ein bei Mäusen vorkommendes Retrovirus, das genetisch so manipuliert worden war, daß es zwar das interessierende Gen in die Lymphocyten einbauen, sich aber dort nicht vermehren konnte. Ihm waren nämlich alle für die Vermehrung erforderlichen Gensequenzen entfernt und durch das bakterielle Resistenzgen ersetzt worden (Bild 7).

Die genmanipulierten menschlichen Lymphocyten wollten wir dann ebenso wie die verbliebenen ursprünglichen tumorinfiltrierenden Zellen weitervermehren. Nachdem geprüft worden war, ob das neue Gen tatsächlich funktionierte, sollten die abgeänderten Zellen zusammen mit unbehandelten Zellen dem Patienten übertragen werden (letztere, um die gewünschte Gesamtdosis an TILs sicherzustellen). Schließlich würden wir noch Interleukin 2 verabreichen.

Die Hürden

Da dieses Verfahren der Genübertragung noch recht neu war und entsprechende Experimente beim Menschen noch niemals genehmigt worden waren, prüfte die Regierung der Vereinigten Staaten sorgfältig die durch unser Vorhaben aufgeworfenen Fragen – und zwar die wissenschaftlichen wie die ethischen. Die Prozedur begann mit der Übergabe unserer Unterlagen an den Forschungsprüfungsausschuß der Nationalen Gesundheitsinstitute am 20. Juni 1988. Am 19. Januar 1989 erhielten wir dann von James Wyngaarden, dem damaligen Direktor der Institute, die Genehmigung für klinische Versuche an zehn Patienten mit fortgeschrittenem Melanom, die alle höchstens noch drei Monate zu leben hatten.

In der Zwischenzeit hatten die beiden institutseigenen Gutachterkommissionen für biologische Sicherheit und für Richtlinien zum Umgang mit rekombinierter DNA sowie die FDA nach Durchsicht der Unterlagen zunächst einmal von uns verschiedene Nachweise gefordert: daß wir das Marker-Gen in menschliche tumorinfiltrierende Lymphocyten einbauen und dort tatsächlich zum Arbeiten bringen könnten, daß sich die Zellen dadurch nicht anderweitig entscheidend verändern würden, daß wir die derart markierten Zellen in Labortieren aufspüren könnten und schließlich, daß für die Patienten nur ein geringes Risiko und für die Allgemeinheit überhaupt keines bestünde. Wir konnten sie in sämtlichen Punkten erbringen. Als jedoch Wyngaarden den Versuch freigab, reichte am selben Tag ein Mitglied einer Gruppe von Biotechnologiegegnern dagegen Klage ein – mit der Begründung, die beabsichtigte Studie sei nicht ausreichend überprüft worden. Glücklicherweise wurde der Rechtsstreit bald beigelegt.

Am 22. Mai 1989 erhielt ein Patient genmanipulierte Zellen; es war das erste Experiment dieser Art überhaupt – wohlgemerkt aber noch kein Therapieversuch; die Zellen enthielten ja nur das Marker-Gen. Die Ergebnisse bei den ersten fünf Patienten sind im Sommer 1990 veröffentlicht worden.

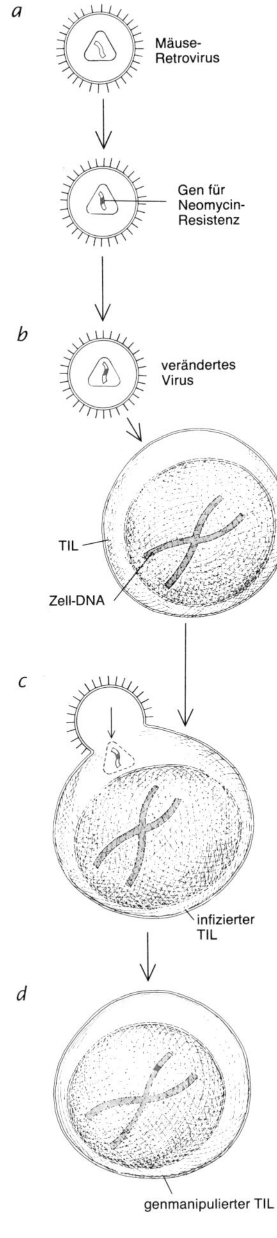

Bild 7 Ein fremdes Gen läßt sich in tumorinfiltrierende Lymphocyten mittels eines bei Mäusen vorkommenden Retrovirus einbauen, das auch seine eigenen Gene in die Erbsubstanz einer menschlichen Zelle einschleusen kann. Zuvor werden die für die Virusvermehrung zuständigen Gene durch ein bakterielles Gen ersetzt, das die Zellen gegen das Antibiotikum Neomycin resistent macht und somit kennzeichnet (*a*). Dann bringt man das veränderte Virus mit den Lymphocyten zusammen (*b*), so daß es diese infizieren (*c*) und sein Erbmaterial in die zelluläre DNA einbauen kann (*d*). Das fremde Gen wird mit jeder Teilung an die Tochterzellen weitergegeben. Da es dort aktiv ist, lassen sich alle manipulierten Zellen an ihrer Neomycinresistenz erkennen. Anhand dieser Eigenschaft läßt sich ihr Schicksal im Organismus des Patienten verfolgen. Man hofft, auf diese Weise einmal therapeutisch wirksame Gene in tumorinfiltrierende Lymphocyten einbauen zu können.

Das Anschlußprojekt ist ein klinischer Versuch mit Zellen, die zur Verbesserung ihrer therapeutischen Wirksamkeit auch ein entsprechendes Gen eingeschleust bekommen haben. Wahrscheinlich wird es aber mehrere Jahre dauern herauszufinden, ob sich genmanipulierte tumorinfiltrierende Lymphocyten wirklich für die Krebstherapie eignen.

Die Zellen könnten sich freilich auch als passende Transportmittel für Gene erweisen, mit denen sich verschiedene andere Krankheiten als Krebs behandeln ließen. Blutern beispielsweise könnte man so Gene übertragen, die für Gerinnungsfaktoren codieren. Und Gene für das Enzym Adenosin-Desaminase könnten eventuell zur Behandlung eines bestimmten schweren kombinierten Immundefekts eingesetzt werden, der betroffene Kinder extrem anfällig für lebensbedrohliche Infektionen macht.

Was einmal nur eine Idee war, ist heute also Wirklichkeit geworden: Eine Immuntherapie bei Krebs kann erfolgreich sein. Die verschiedenen bislang entwickelten Varianten helfen allerdings nur einer begrenzten Anzahl von Patienten, haben toxische Nebenwirkungen und sind schwierig anzuwenden.

All dies ist indes wohl nur der Anfang. Weltweit bemühen sich mittlerweile Forscher, die Immuntherapie zu einer praktikablen und wirkungsvollen Waffe gegen eine der häufigsten und tückischsten Krankheiten der Menschen zu entwickeln.

Der Organismus als selbstherstellendes dynamisches System

Die Einheit des Organismus zeigt sich in einem besonderen Verhältnis des Ganzen zu seinen Teilen. Alle Ebenen – die molekulare, die zelluläre, die der Organe, des Verhaltens, des Psychisch-Mentalen – stehen in einer kreiskausalen gegenseitigen Abhängigkeit, die der Vernetztheit aller Vorgänge in einem Lebewesen zugrunde liegt. Diese zirkuläre Organisation des Organismus und seiner Teile entfaltet sich in einer besonderen Dynamik, die über das traditionelle Konzept der biologischen Homöostase hinausführt.

Von Uwe an der Heiden

Leben gibt es auf der Erde seit etwa dreieinhalb Milliarden Jahren. In einem ununterbrochenen Prozeß haben sich die heutigen Lebensformen aus den frühesten Urformen entwickelt. Trotz aller zum Teil dramatischen Veränderungen, die in dieser langen Zeit stattgefunden haben, ist die Zelle als Grundbaustein des Lebens erhalten geblieben. Von Viren einmal abgesehen – sofern man diese überhaupt dazurechnen kann – sind sämtliche Organismen aus Zellen (zumindest einer) aufgebaut, und jede Zelle eines heute existierenden Lebewesens ist letztlich in einer unglaublich langen Kette von Zellteilungen aus Zellen hervorgegangen, die vor über drei Milliarden Jahren existierten. Dabei zeigen die heutigen Zellen keinerlei Alterungs- oder Abnutzungserscheinungen, und wenn die Umweltbedingungen ungefähr konstant bleiben, könnte sich dieser Lebensprozeß im Prinzip unbegrenzt fortsetzen.

Hinsichtlich dieser „Persistenz"-Eigenschaft, die ich zusammen mit meinen Kollegen Gerhard Roth und Helmut Schwegler von der Universität Bremen *Selbsterhaltung* genannt habe, übertrifft die Zelle jedes andere auf der Erdoberfläche vorkommende Objekt, und seien es Diamanten (also die härtesten und widerstandsfähigsten Minerale, die wir kennen). Es ist das

Schicksal jedes Diamanten, irgendwann einmal – wenn auch nach langer Zeit – zu zerfallen. Gesteine und Minerale besitzen nicht die besondere Fähigkeit des Lebens, die im Fortbestand durch Erneuerung besteht. Während im Kristallgitter des Diamanten die Moleküle bis zu dessen endgültigem (und unausweichlichem) thermodynamischen Zerfall dieselben bleiben, werden im Lebensprozeß sämtliche Moleküle immer wieder ausgetauscht und durch neusynthetisierte ersetzt. Zellen wachsen und teilen sich. In den zwei ausgewachsenen Tochterzellen einer Mutterzelle ist mindestens die Hälfte aller Moleküle in der Mutterzelle noch nicht vorhanden gewesen und folglich neu hinzugekommen. Auf diese Weise erneuert sich das Leben ständig und altert nicht.

Dieses Prinzip wird auch bei vielzelligen Organismen wie Pflanzen und Tieren (einschließlich des Menschen) insofern beibehalten, als jedes Individuum durch seine Nachfahren ersetzt wird – ganz im Sinne des Goetheschen „Stirb und werde!" Besonders wichtig dabei ist, daß bei der Ersetzung von Molekülen, Zellen und Individuen stets wieder ein Gesamtorganismus entsteht oder erhalten bleibt, der erneut diese Fähigkeit zur Selbsterneuerung besitzt. Insofern beruht das Leben auf einer kreisförmigen Grundgestalt, einem *Zirkel*: Seine Strukturen sind so angelegt, daß sie gerade solche Strukturen (Moleküle, Zellen, Organismen) hervorbringen (und auch abbauen), die wieder das Gleiche tun. Bei genauer Betrachtung stellt sich heraus, daß nahezu alle Lebensvorgänge dieser *zirkulären Organisation* unter- und zugeordnet sind. Dies gilt für Prozesse auf molekularem und zellulärem Niveau ebenso wie für solche auf der Ebene der Organe, der Organismen und sogar der Ökosysteme.

Man kann Gründe angeben, warum der Lebensprozeß als Ganzes – also die gesamte Evolution – der einzige Prozeß auf der Erde ist, der diese Eigenschaft der Selbsterhaltung aufweist. Dem Einzelorganismus fehlt zwar die Fähigkeit der im Prinzip unendlichen Persistenz, doch er ist mit seinem individuellen Leben und Tod in diesem übergeordneten und umfassenden selbsterhaltenden Lebensprozeß eingebunden, nimmt an ihm teil und gestaltet ihn mit. Als Träger des Gesamtlebensprozesses auf der Erde müssen die Organismen selbst der zirkulären Organisation der Selbsterhaltung genügen. Aus diesem Grunde gibt es eine natürliche Einheit zwischen der Einbindung des individuellen Organismus in den Gesamtlebensprozeß und der Vernetztheit aller Teile des Organismus untereinander. Dies zeigt sich zum Beispiel darin, daß viele Lebewesen in ihrer Ernährung einerseits auf die Existenz anderer Lebewesen angewiesen sind, während andererseits das gesamte innere System eines Organismus, das die Aufnahme der Nahrung und ihre Umsetzung in körpereigene Strukturen bewerkstelligt, an die jeweils spezifische Nahrung angepaßt sein muß und umgekehrt (wiederum ein Zirkel).

Organismen als selbstherstellende Systeme

Aus der Vorstellung vom Leben als einem sich selbst erhaltenden und erneuernden Prozeß ergibt sich, wie ich mit meinen Kollegen Roth und Schwegler 1984 dargelegt habe, daß für Organismen eine besondere Beziehung zwischen den Teilen und dem Ganzen besteht. Normalerweise geht man bei einem System, das aus irgendwelchen Teilen zusammengesetzt ist, davon aus, daß zunächst die Teile da sind und diese sich dann zu einem Ganzen zusammenfügen. Dieser Zusammenschluß kann spontan geschehen, wie es etwa bei mehreren Magneten der Fall ist, oder durch äußere Kräfte wie bei einem aufgefalteten Gebirge. Insbesondere die von Menschen gebauten Maschinen sind in der Regel von der Art, daß sie aus vorgefertigten Teilen zusammengesetzt sind.

Bei Organismen verhält es sich nun genau umgekehrt. Sie produzieren die Teile, aus denen sie bestehen. Dies gilt wenigstens ab dem Niveau der Biomoleküle (Proteine, DNA) aufwärts. Zunächst muß ein Organismus als Ganzes vorhanden sein, und dieser bringt dann Teile hervor, aus denen der Organismus selbst fortbestehen oder eventuell ein anderer, neuer entstehen wird. Systeme, die ihre eigenen Teile oder Komponenten produzieren, haben wir *selbstherstellende Systeme* genannt. Dieser Begriff ist nahe verwandt mit dem Konzept von Humberto Maturana von der Universität Santiago und Francisco Varela von der École Polytechnique in Paris, die ein *autopoietisches System* definieren als ein „Netzwerk der Produktion von Komponenten, das wiederum dieses Netzwerk hervorbringt“. Allerdings differenzieren diese beiden Autoren nicht zwischen Selbstherstellung und Selbsterhaltung. Nach unserer Begriffsbestimmung sind Organismen selbstherstellend (autopoietisch), aber nicht selbsterhaltend. Diese zweite Eigenschaft kommt nur dem überindividuellen Lebensprozeß zu. Da die Organismen Teilprozesse und Träger des selbsterhaltenden Gesamtlebensprozesses darstellen, müssen sie Bedingungen genügen, die für einen im Prinzip unbegrenzt fortdauernden Prozeß wesentlich sind. Sie müssen gerade solche Eigenschaften haben, daß dieser Prozeß unendlich weiterlaufen kann.

Eine dieser Eigenschaften besteht darin, daß unter den Nachkommen der Organismen stets wenigstens einige sind, die in ihrer Fähigkeit, den Lebensprozeß weiterzuführen, nicht im geringsten hinter der vorhergehenden Generation zurückstehen. Anderenfalls würde der Lebensprozeß irgendwann zum Erliegen kommen. Zum Zeitpunkt der Fortpflanzung müssen also die Elternorganismen (wenigstens einige) in dieser Hinsicht perfekte Nachfahren hervorbringen. Die geschlechtliche Vermehrung war vielleicht deshalb eine so wichtige Erfindung der Natur, weil bei komplexen Organismen die Herstellung perfekter Kopien aufgrund thermodynamischer und sonstiger zerstörerischer Prozesse nicht ohne weiteres gelingt und durch das Verschmelzen des Erbgutes zweier Individuen (über mehrere Generationen betrachtet sogar von vielen) kleine „Übertragungsfehler" von seiten des einen Individuums durch entsprechende richtige Kopienstücke des zweiten Individuums korrigiert werden können. Dieses Argument ist komplementär zu der üblichen Hypothese, der zufolge die sexuelle Fortpflanzung den biologischen Sinn der Erzeugung einer größeren Vielfalt und Variabilität hat. Beide Argumente müssen sich keineswegs gegenseitig ausschließen. Ich möchte diesen Gedanken hier allerdings nicht weiterverfolgen, auch wenn es naheliegt, im Zusammenhang mit der Vernetzung im Inneren unseres Körpers über die Beziehung zwischen dieser inneren und der äußeren Vernetzung, die beide lebenswichtig sind, nachzudenken.

Zellen sind die kleinsten lebensfähigen Ganzheiten. Einzeller, die sich ungeschlechtlich vermehren und nicht auf andere Einzeller angewiesen sind, müssen zum Zeitpunkt der Teilung alle Bestandteile, welche die Tochterzellen für ihre eigene Existenz benötigen, in sich selbst erzeugt haben. Diese Produktion erfolgt vollständig innerhalb der Zelle, die insofern selbstherstellend ist. Einen vielzelligen Organismus kann man als Lebensgemeinschaft zahlreicher Zellen ansehen. Der menschliche Organismus besteht aus ungefähr 10^{14} (hundert Billionen) Zellen. Ihre Lebensdauer variiert sehr stark: Gewisse Zellen der Darmwand werden alle zwei Tage erneuert, manche Blutzellen leben etwa 120 Tage, und viele Nervenzellen bleiben von der Geburt bis zum Tod des Organismus erhalten. Alle Zellen, auch die Nervenzellen, werden innerhalb der Ganzheit des vielzelligen Organismus produziert. Faßt man also die Zellen als Teile auf, so ist der Vielzeller ein selbsterzeugendes System.

Wir können die bisherigen Überlegungen in folgendem Kernsatz zusammenfassen: *Der Organismus ist ein Netzwerk der Produktion seiner eigenen Komponenten, welches überdies an dem überindividuellen Prozeß der Selbsterhaltung des Gesamtlebens aktiv teilnimmt.*

Verschiedene Formen der Kausalität

Die eben gegebene Charakterisierung begründet – wie ich im folgenden noch näher ausführen werde – weitere besondere Verhältnisse zwischen dem Ganzen eines Lebewesens und seinen Teilen. Nicht zuletzt erscheint auch das Vernetzungskonzept der Psychoneuroimmunologie unter diesem Blickwinkel als Konsequenz und Ausprägung der Teile-Ganzes-Beziehung in den Lebewesen (vergleiche hierzu den Beitrag von Kurt S. Zänker in diesem Band). Durch die Teilhabe am Prozeß der Selbstherstellung und

Selbsterhaltung sind alle Strukturen, Untereinheiten und Einzelvorgänge eines Organismus miteinander verknüpft und aufeinander bezogen. Sie stehen in einer wechselseitigen, zirkulären Abhängigkeit. So besitzen zum Beispiel die Zellen eines vielzelligen Organismus nicht mehr die eigenständige Lebensfähigkeit der Einzeller. Sie werden nicht nur vom und innerhalb des Gesamtorganismus hervorgebracht, sondern bedürfen zu ihrer Versorgung auch des Körpermilieus und der Hilfestellung anderer Zellen. In Kulturen isolierter Zellen muß man ein solches Milieu künstlich aufrechterhalten. Die verschiedenen Zelltypen eines Organismus folgen dem Prinzip der Arbeitsteilung: Was die einen Zellen nicht können, erledigen andere für sie, und umgekehrt. Aus dieser wechselseitigen Bezogenheit erwächst die organismische Ganzheit. Viele Zellen können zusammen ein Organ bilden, das eine bestimmte Funktion für das Gesamtlebewesen hat. Auch die Organe können nicht für sich existieren, sondern stehen in einer wechselseitigen Produktions- und Erhaltungsbeziehung zu anderen Körperstrukturen (etwa den Körperflüssigkeiten).

Im Organismus gibt es eine „Kausalität von oben" (englisch *top-down causality*) und eine „Kausalität von unten" (*bottom-up causality*). Beide ergänzen die normale Kausalität zwischen Einheiten gleichen Niveaus, die man entsprechend als „Querkausalität" bezeichnen könnte (Bild 1).

Kausalität von oben bedeutet, daß die Ganzheit des Organismus Bedingung dafür ist, was in jedem einzelnen Teil bis hinunter zur molekularen Ebene geschieht. Beispielsweise können nur dann geeignete biologische Makromoleküle, etwa Proteine, synthetisiert werden, wenn es dem Gesamtorganismus gelingt, entsprechende Nahrung (das heißt solche, die die benötigten Vorstufen liefert) zu finden und aufzunehmen. Diese Form der Kausalität bezeichnet also die Tatsache, daß das, was im Kleinen (lokal) geschieht, letztendlich vom Geschehen im Großen (dem Ganzen) abhängt und mitbestimmt wird.

Aufgrund der Kausalität von unten ist der Organismus in seiner Integrität davon abhängig, daß auf molekularer, zellulärer und Organebene Vorgänge ablaufen, die dem Erhalt des Ganzen förderlich sind. Eine einzige fehlgesteuerte Zelle kann die Entstehung von Krebs auslösen. (Daß bei Krebs die Kausalität von unten und die Kausalität von oben ineinandergreifen, wird in dem Beitrag von Kurt S. Zänker angedeutet.) Ein zweites Beispiel ist der Alterungsprozeß, der nach einer Hypothese darauf beruht, daß die genetische Information in den Chromosomen mit zunehmendem Alter immer fehlerhafter wird (etwa infolge thermodynamischer Zerstörungsprozesse) oder daß sich die molekulare Zusammensetzung der Zellen durch irreversible Ablagerungen in ungünstiger Weise verändert. Beide Vorgänge – auf molekularer Ebene – führen schließlich zum „natürlichen" Tode des Organismus.

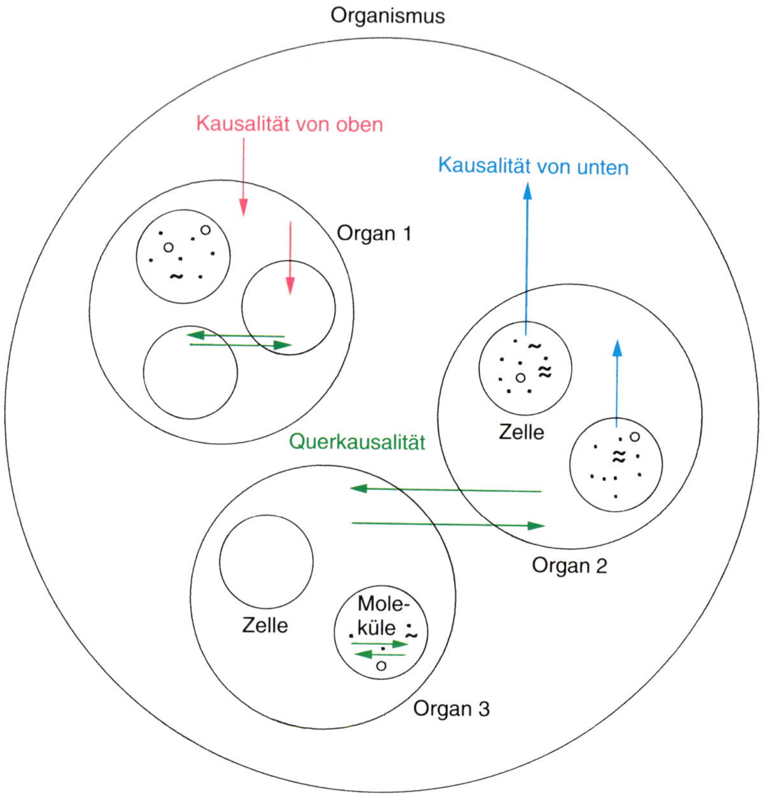

Bild 1 Dieses Schema soll die drei grundlegenden Formen der Vernetzung im Organismus veranschaulichen: die „Kausalität von oben" (*top-down causality*), die „Kausalität von unten" (*bottom-up causality*) und die „Querkausalität". Bei ersterer wirkt sich das Geschehen in einem umfassenderen Bereich (zum Beispiel in einem Organ) auf das Geschehen in einem kleineren Bereich (etwa auf die Proteinsynthese in einer Zelle) aus. Ein extremes Beispiel aus der nichtlebenden Natur ist die Bewegung eines Wasserteilchens im Ozean; man kann sich leicht klarmachen, daß der Weg, den ein solches Wasserteilchen zurücklegt, letztendlich von dem gesamten Geschehen im Ozean abhängt. Kausalität von unten bedeutet, daß ohne die Vorgänge im Kleinen das Ganze nicht bestehen kann. Es gibt viele Beispiele dafür, daß Veränderungen auf mikroskopischer Ebene (etwa Mutationen) starke Effekte im makroskopischen Bereich haben können. Mit Querkausalität ist hier schließlich das gemeint, was man üblicherweise unter Kausalität versteht, nämlich die Beeinflussung, die zwischen zwei Ereignissen oder Komponenten derselben Ebene stattfindet. Hier wäre beispielsweise an Zell-Zell-Interaktionen oder molekulare Wechselwirkungen zu denken.

Bei der Querkausalität, also zum Beispiel bei der Wechselwirkung zwischen Zellen, wird häufig der „Umweg" über die molekulare Ebene genommen. Nerven- oder andere Zellen senden Signalmoleküle, Transmitter, Hormone oder sonstige Botenstoffe aus, die von Zielzellen entweder aufgenommen oder durch Rezeptormoleküle an ihrer Oberfläche gebunden werden. Über sogenannte „sekundäre Boten" (*second messengers*) oder direkt können diese Moleküle dramatische Veränderungen in den Zielzellen auslösen, sie zur Produktion weiterer Moleküle oder zur Teilung veranlassen.

Kaum jemand wird heute bestreiten, daß eine isolierte Betrachtung einzelner Ebenen und Größenordnungen in einem Organismus unzureichend ist. Ursache- und Wirkungsverhältnisse in sämtlichen Richtungen bewirken eine hochgradige Zirkularität und Vernetztheit aller Vorgänge im Körper, die eine Analyse natürlich erschweren.

Erst in den letzten 20 Jahren und in schwierigen und langwierigen (zum Teil mathematischen) Untersuchungen hat man begonnen, die Phänomene zu verstehen, die mit zirkulärer Organisation und Vernetztheit verbunden sind. Wie sich herausgestellt hat, können rückgekoppelte Systeme ganz unterschiedliche Reaktions- und Verhaltensweisen zeigen, die keineswegs auf die Einhaltung von Gleichgewichtszuständen und auf Homöostase beschränkt sind. Zirkularitäten und Rückkopplungen erweisen sich als Quelle einer großen Vielfalt dynamischer Entwicklungen, die unter Umständen auch den Charakter von Krankheiten annehmen können. Dies soll im folgenden an einigen Beispielen erörtert werden, die gleichzeitig das Ziel verfolgen, dem Leser moderne Ergebnisse der Theorie nichtlinearer dynamischer Systeme nahezubringen und deren Beitrag zum Verständnis biologischer und medizinischer Probleme zu demonstrieren.

Zirkuläre Organisation

Bild 2 zeigt das Grundschema der zirkulären Organisation. Jeder der kleinen Kreise steht für ein Teilsystem, das auf das nachfolgende einwirkt. Das letzte Teilsystem (x_n) wirkt schließlich auf das erste (x_1) zurück. Auf jeden Zwischenschritt können äußere Faktoren (e) Einfluß nehmen.

Zyklen dieser Art treten auf allen Niveaus biologischer Organisation auf. Man denke etwa an die grundlegenden Stoffwechselkreisläufe wie den Citrat-, den Harnstoff- oder den Calvin-Zyklus. Auf molekularem Niveau ist ferner das zirkuläre Produktionsverhältnis zwischen DNA und Proteinen (Enzymen) von besonderer Bedeutung: Die DNA bestimmt – über den genetischen Code – die Struktur der Proteine, und umgekehrt sind Proteine für die Replikation und Reparatur der DNA erforderlich (Bild 3a).

Die konsequente Beachtung der zirkulären Organisation führt zur Relativierung der traditionellen Vorstellung, daß das Genom eines Lebewesens (also die Gesamtheit seiner Gene) eine Art Bauplan enthält, nach dem der Organismus sich entwickelt oder, besser, „entwickelt wird". Abgesehen davon, daß diese Vorstellung den Vorteil einer scheinbaren Einfachheit für sich hat, wurde sie vor allem durch Entdeckungen der frühen Genetik gefördert, die nahelegten, daß es Gene gibt, die einen wesentlichen Einfluß

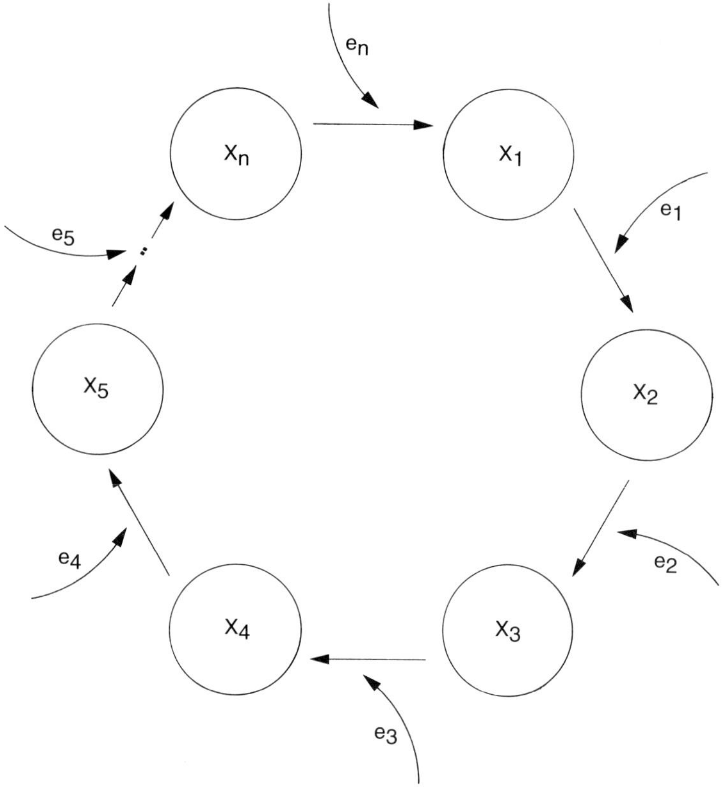

Bild 2 In diesem Grundschema zirkulärer Organisation repräsentiert jeder der kleinen Kreise ein Untersystem. Die Teilsysteme sind in einer Kette angeordnet, so daß jedes Glied auf das jeweils nachfolgende einwirkt. Das letzte Teilsystem (x_n) wirkt schließlich auf das erste (x_1) zurück, wodurch der Kreis geschlossen ist. Wie im Text erläutert wird, zeigen solche Zirkel ein wesentlich anderes Verhalten als nichtgeschlossene Ketten.

auf die Entwicklung bestimmter Eigenschaften nehmen. Man fand zum Beispiel Gene, welche die Augenfarbe oder die Blutgruppe festlegen. Heute wissen wir, daß bei der Ausbildung der meisten Merkmale nicht nur viele Gene zusammenwirken, sondern daß sogar umgekehrt aus der gesamten Umgebung der Zelle und des Organismus bestimmte Signale zum Genom gelangen müssen, um einzelne, für das Merkmal wichtige Gene an- oder unwichtige auszuschalten.

In jeder Körperzelle – genauer gesagt, in den Chromosomen des Zellkernes – liegt stets das komplette Genom eines Menschen vor. In jedem Augenblick ist jedoch nur ein kleiner Bruchteil der Gene aktiv. Welche dies jeweils sind, wird in erster Linie durch die in der Zelle vorhandenen Steuerproteine festgelegt. Art und Anzahl der Steuerproteine hängen nun wiederum einerseits von dem gesamten Stoffwechsel der Zelle und andererseits davon ab, in welcher Umgebung sie sich befindet. Jede Zelle trägt auf ihrer Oberfläche Rezeptoren, die in der Lage sind, Botenstoffe wie Hormone, Neurotransmitter, Immunglobuline und andere zu binden. Solche Botenstoffe können über das Blut, die Nervenbahnen oder das Lymphsystem von weither aus anderen Organen kommen. Ihre Bindung an die Zelloberfläche löst im Inneren oftmals umwälzende Veränderungen aus. So können neue Gene angeschaltet und bereits angeschaltete Gene abgeschaltet werden. In der Pubertät werden zum Beispiel Gene aktiviert, die mehr als zehn Jahre lang „stumm" waren. (Noch erstaunlicher ist der Zeitabstand bei der Menopause, die erst ungefähr 45 Jahre nach der Geburt eintritt.) Bekanntlich erreichen Jugendliche in hochentwickelten Ländern wie Deutschland die Pubertät heute mehrere Jahre früher als noch vor einer Generation. Dieses Beispiel legt nahe, daß es eventuell sogar von der Gesellschaft oder Zivilisation, in der man lebt, abhängt, wann bestimmte Gene aktiviert werden. Die Gene sind zwar zweifellos notwendig für die Entwicklung und das Weiterleben des Organismus, aber die einzelne Zelle, der Organismus und vielleicht sogar die weitere Umgebung bestimmen mit, wann und in welcher Weise sie wirksam werden – ein gewiß bemerkenswerter Fall der Kausalität von oben. Die Ausprägung *aller* Einzelstrukturen eines Organismus wird keineswegs allein durch die Gene, sondern im Sinne des Konzepts der Selbstorganisation auch durch die Wechselwirkung aller anderen Teile des Organismus gesteuert. Übrigens liegt genau hier auch eine der Stellen, an denen die Psychoneuroimmunologie verankert ist: Psychische Einflüsse können nämlich über das Gehirn und dessen Botenstoffe sowie über neuronal-hormonell-immunologische Wechselwirkungen auf das Genom von Zellen übertragen werden – gesunden wie kranken (etwa Tumorzellen).

Zusammenfassend sei hier festgehalten, daß zwischen dem Genom (Genotyp) und dem Organismus (Phänotyp) keine einseitig gerichtete Abhängigkeit besteht, sondern daß beide sich in einem zirkulären Organisationsverhältnis befinden. Kausalität von oben und Kausalität von unten schließen sich zur Kreiskausalität (Bild 3a). Ähnliches gilt für viele andere Wechselbeziehungen im Organismus.

Nur in Verfolgung dieses wechselseitigen Zusammenhangs des Ganzen mit seinen Teilen können wir zu einem tieferen Verständnis der Vorgänge in unserem Körper gelangen, das letztendlich als Fundament einer ganzheitlichen Medizin dienen könnte. Ich werde im folgenden versuchen, die vorstehenden allgemeinen Überlegungen einerseits zu konkretisieren und andererseits auf einige Konsequenzen hin zu untersuchen.

Die Dynamik zirkulärer Organisation am Beispiel der Blutbildung

Blut enthält neben vielen anderen (molekularen) Bestandteilen die roten und weißen Blutkörperchen (Erythrocyten und Leukocyten) sowie die Blutplättchen (Thrombocyten); auf die zahlreichen funktionell spezialisierten Untertypen der Blutzellen wollen wir hier nicht näher eingehen. Alle diese Zellen haben nur eine beschränkte Lebensdauer (die weißen Blutkörperchen des Menschen leben zum Teil lediglich sieben Tage, die roten durchschnittlich 120 Tage). Sie müssen ständig neu gebildet werden, und zwar gerade in einer solchen Menge, daß ihre Konzentration im Blut ungefähr konstant bleibt. Die neuen Blutzellen werden jeweils aus Vorläuferzellen im Knochenmark, den Stammzellen, rekrutiert, die sich in eine dieser drei Zelltypen differenzieren können.

Der Zeitpunkt, wann eine Stammzelle sich in eine Blutzelle verwandelt, ist nicht genetisch festgelegt. Vielmehr wird die Anzahl von Stammzellen, die diesen Umwandlungsprozeß durchlaufen, durch hormonelle Signale bestimmt, die vom Blut an das Knochenmark abgegeben werden (siehe den Artikel *Blutbildende Hormone* in *Spektrum der Wissenschaft*, September 1988). Im Falle der Leukocyten ist es das Granulopoietin, im Falle der Erythrocyten das Erythropoietin und im Falle der Thrombocyten das Thrombopoietin. Damit liegt eine zirkuläre Verknüpfung zwischen zwei Organen, dem Blut und dem Knochenmark, vor (Bild 3b).

Wenn die Konzentration der weißen Blutkörperchen abnimmt, wird in der Niere Granulopoietin produziert und in die Blutbahn freigesetzt; diese Substanz regt die Stammzellen im Knochenmark an, sich vermehrt zu teilen und mit erhöhter Rate in den differenzierten Zustand weißer Blutkörperchen überzugehen. Die Frage ist, ob diese Rückkopplungsstruktur die Anzahl der Blutzellen ungefähr konstant zu halten vermag, und zwar nicht auf einem beliebigen, sondern einem physiologisch angemessenen Niveau. Wie wir im folgenden sehen werden, kann eine solche zirkuläre Struktur

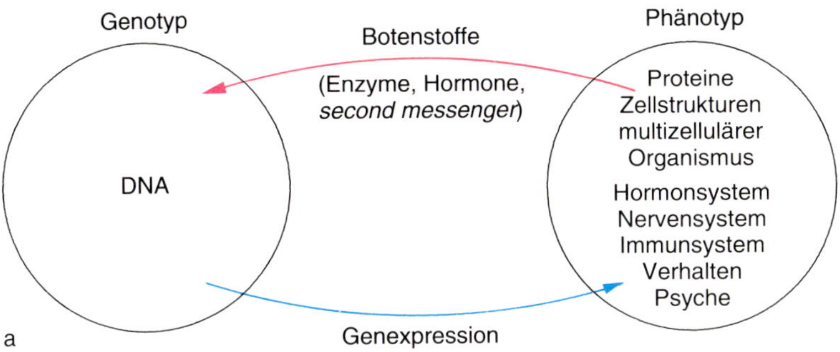

a

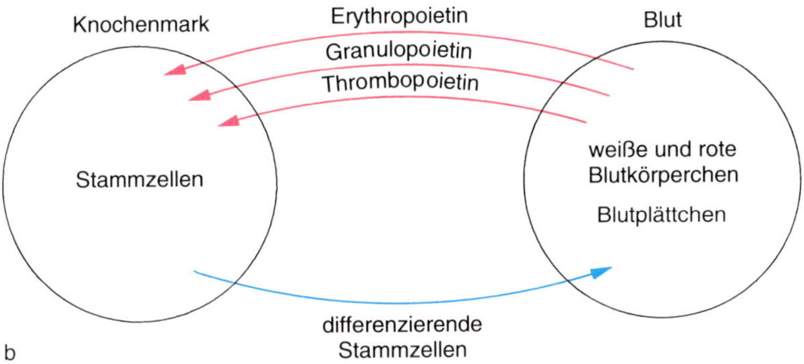

b

Bild 3 Die Verknüpfung von Genotyp und Phänotyp eines Organismus (a) und die Blutbildung (b) sind zwei Beispiele zirkulärer Organisation. Im ersten Fall deutet der nach rechts zeigende Pfeil (Genexpression) die traditionell betonte Vorstellung an, daß die Eigenschaften des Organismus (der Phänotyp) durch dessen Genom, – die Gesamtheit seiner in der DNA verschlüsselten Gene (den Genotyp), bestimmt werden. Moderne Forschungsergebnisse zeigen mehr und mehr, daß es zugleich vielfältige Einwirkungen des Gesamtorganismus und seiner Bestandteile (einige sind im rechten Kreis angegeben) auf das Genom gibt (blauer Pfeil). Diese Einflüsse werden über Signal- und Botenstoffe vermittelt, die in der Lage sind, Gene ein- und auszuschalten. Auch im zweiten Beispiel (b) spielen Botenstoffe eine entscheidende Rolle. Das Blut übermittelt drei verschiedenartige hormonelle Signale an das Knochenmark, das daraufhin aus den undifferenzierten Stammzellen neue weiße (Granulopoietin) und rote Blutkörperchen (Erythropoietin) beziehungsweise Blutplättchen (Thrombopoietin) bildet. Die Menge der freigesetzten hormonellen Signale hängt von der Konzentration der Blutzellen ab (siehe Bild 4 rechts).

ganz unterschiedliche Dynamiken entfalten. Einige davon entsprechen gewissen beobachtbaren Krankheitszuständen, andere wiederum dem gesunden Zustand. Hier wird der fließende Übergang zwischen Gesundheit und Krankheit deutlich.

Das Verhalten zirkulärer, rückgekoppelter Systeme ist für den gesunden Menschenverstand leider nicht mehr ohne weiteres durchschaubar. Ein detailliertes Verständnis verlangt in der Regel eine mathematische Analyse, wenn man sich nicht blind auf den Output einer Computersimulation verlassen will. Frühe mathematische Modelle für die Regulation der Blutbildung wurden in den siebziger Jahren von E. A. King-Smith, A. Morley und A. Lasota aufgestellt. Die folgenden Ausführungen beziehen sich auf etwa gleich alte und neuere Arbeiten von Michael C. Mackey und Leon Glass von der McGill-Universität in Montreal. Ich habe mich bemüht, die mathematischen Anteile in meiner Beschreibung so gering wie möglich zu halten. Es erscheint mir jedoch sinnvoll, dem Leser zumindest sichtbar zu machen, daß die obigen, recht allgemeinen Erörterungen sich für eine mathematische Ausarbeitung eignen, die letztlich zu ganz neuen Einsichten führt.

Die Konzentration der weißen Blutkörperchen (Zellen pro Kilogramm Körpergewicht) bezeichnen wir mit der Variablen x, deren Wert sich mit der Zeit ändern kann. Die Konstante c steht für die Sterberate dieser Blutzellen und v für die Geschwindigkeit, mit der das Knochenmark neue weiße Blutkörperchen produziert. Die Zu- oder Abnahme der Konzentration x mit der Zeit – mathematisch als dx/dt ausgedrückt – folgt dann der Gleichung

$$dx/dt = -cx + v(x_d) \qquad (1)$$

Während x die Konzentration der Blutzellen zum Zeitpunkt t bedeutet – also exakter $x(t)$ –, ist mit x_d die Konzentration zu einem früheren Zeitpunkt $t-d$ gemeint ($x(t-d)$). Die sogenannte *Zeitverzögerung d* gibt den Zeitraum an, der zwischen einer vermehrten Ausschüttung von Granulopoietin und dem infolgedessen einsetzenden erhöhten Zustrom neuer weißer Blutkörperchen ins Blut verstreicht; d ist also, anders ausgedrückt, die Zeit, die eine undifferenzierte Stammzelle braucht, um zur Blutzelle zu werden. Bei einem gesunden Menschen sind das ungefähr sechs Tage. Die Schreibweise $v(x_d)$ bringt zum Ausdruck, daß die Geschwindigkeit, mit der neue Blutzellen in das Blut eintreten, von der Konzentration x_d der Blutzellen abhängt.

Bild 4 enthält rechts eine graphische Darstellung der Funktion $v(x)$. Während die Produktionsrate v für niedrige Werte von x zunächst ansteigt, nimmt sie für große Werte von x mehr und mehr ab; das heißt, bei sehr hohen Konzentrationen werden nur wenige neue Blutzellen gebildet. Letzteres gilt auch für den Fall, daß die Konzentration der im Blut vorhandenen Zellen sehr klein ist; insbesondere ist $v(0) = 0$. Die höchsten Produktionsraten liegen in der Nähe des mit $x_{\max}$ bezeichneten Konzentrationswertes.

Die Funktion $v(x)$ beschreibt die Wirkungsstärke, die über den in Bild 3b dargestellten Zirkel vermittelt wird. Wegen dieser Bedeutung bezeichnet man sie auch als *Rückkopplungsfunktion*. Bei der in Bild 4 rechts gezeigten Form spricht man von *gemischter Rückkopplung*, weil sie eine Kombination der bekannteren negativen und positiven Rückkopplung (Bild 4, links und Mitte) darstellt. Während man in technischen Systemen vor allem die negative Rückkopplung verwendet, um Gleichgewichtszustände zu regulieren, ist in biologischen Systemen die gemischte Rückkopplung weit verbreitet.

Gleichung (1) stellt in Form einer *nichtlinearen Differentialgleichung mit Verzögerung* das vollständige mathematische Modell der durch Bild 3b illustrierten zirkulären Organisation der Blutbildung dar. Obwohl also eine einzige, recht harmlos aussehende Gleichung zur Beschreibung ausreicht,

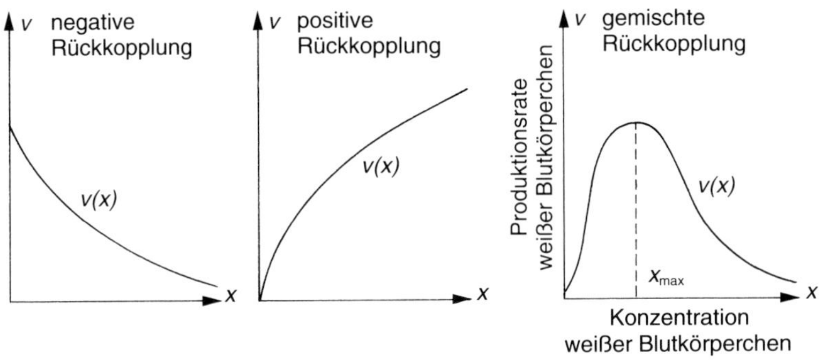

Bild 4 Die in einem zirkulär organisierten System vermittelte Rückkopplung einer Größe x auf sich selbst kann von unterschiedlichem Typ sein. Das Diagramm links zeigt die negative Rückkopplung: Je größer x ist, um so geringer ist die Geschwindigkeit $v(x)$, mit der x zunimmt. Das Umgekehrte gilt für die positive Rückkopplung (Mitte). Im rechten Diagramm sind vereinfacht die Verhältnisse bei der Blutbildung wiedergegeben. Die Kurve weicht von den ersten beiden deutlich ab. Diese nicht so bekannte, aber in biologischen Systemen häufig auftretende Form der Rückkopplung wird als gemischte Rückkopplung bezeichnet, weil hier positive (im Bereich kleiner x-Werte) und negative (im Bereich großer x-Werte) Rückkopplung kombiniert sind.

werden wir sehen, daß das daraus resultierende Verhalten, nämlich der zeitliche Verlauf der Anzahl der Blutkörperchen, sehr unterschiedlich und auch überaus kompliziert sein kann.

Das einfachste, aber für den Organismus letztlich fatale Verhalten tritt auf, wenn die Rückkopplungskurve in der Nähe des Nullpunktes ($x = 0$) zu flach ansteigt (genauer: wenn ihre Steigung dort kleiner als die Sterberate c ist). In diesem Falle (etwa infolge einer zu schwachen Stimulierung des Knochenmarks durch unzureichend vorhandenes Granulopoietin) ist die Produktion von neuen Blutzellen so gering, daß die Zahl der (weißen) Blutkörperchen immer mehr abnimmt, bis der Organismus nicht mehr lebensfähig ist. Diese Aussage erscheint unmittelbar plausibel, folgt aber auch aus der mathematischen Analyse der Lösungen der obigen Differentialgleichung.

Ein zweiter Verhaltenstyp stellt sich ein, wenn die Rückkopplungsfunktion drei Bedingungen erfüllt: 1) Die Steigung in der Nähe des Nullpunktes ist nicht zu klein; 2) der fallende Teil der Kurve ist nicht zu steil; 3) die Verzögerungszeit d ist nicht zu groß. (Auf eine mathematisch exakte Beschreibung sei hier verzichtet.) Sind diese drei Bedingungen gegeben, so stellt sich ein Gleichgewichtszustand ein: Die Konzentration der Blutzellen bleibt zeitlich konstant. Dieses Gleichgewicht ist stabil in dem Sinne, daß Abweichungen aufgrund äußerer Störungen, zum Beispiel durch einen plötzlichen Blutverlust, wieder ausgeglichen werden und das System in den ursprünglichen Zustand zurückkehrt.

Ich habe bereits erwähnt, was passiert, wenn die erste der drei Bedingungen nicht erfüllt ist: Die weißen Blutkörperchen sterben aus. Falls nun allein die zweite oder die dritte Bedingung oder beide zusammen verletzt sind, stellt sich ein dritter Verhaltenstyp ein: Das Gleichgewicht ist instabil, und die Konzentration der weißen Blutkörperchen schwankt im Laufe der Zeit auf und ab. Tatsächlich kennt man einige Erkrankungen, bei denen diese Vorhersage des Modells erfüllt ist. Bild 5 zeigt oben einen Fall von periodischer chronischer myelogener Leukämie. Bei der betroffenen Patientin, einem zwölfjährigen Mädchen, variierte im unbehandelten Zustand die Konzentration der weißen Blutkörperchen mit großer Amplitude (zwischen 2×10^4 und 10^5 Zellen pro Kubikmillimeter) und einer Periodenlänge von ungefähr 70 Tagen. Es besteht die begründete Annahme, daß diese Erkrankung mit einer beträchtlich verlängerten Reifezeit für die Blutzellen

Bild 5 Diese Diagramme zeigen zwei Pathologien der Blutbildung, bei denen die Anzahl der weißen Blutkörperchen großen periodischen Schwankungen unterliegt. Oben ist der Fall einer Patientin mit periodischer chronischer myelogener Leukämie dargestellt, bei der die Periodenlänge der Schwankungen etwa 70 Tage beträgt (nach Gatti et. al. 1972). Das untere Diagramm zeigt, wie bei einem Patienten mit

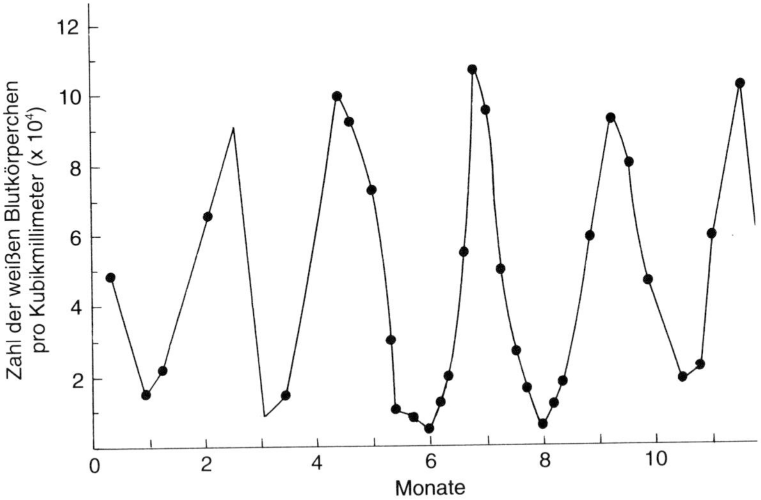

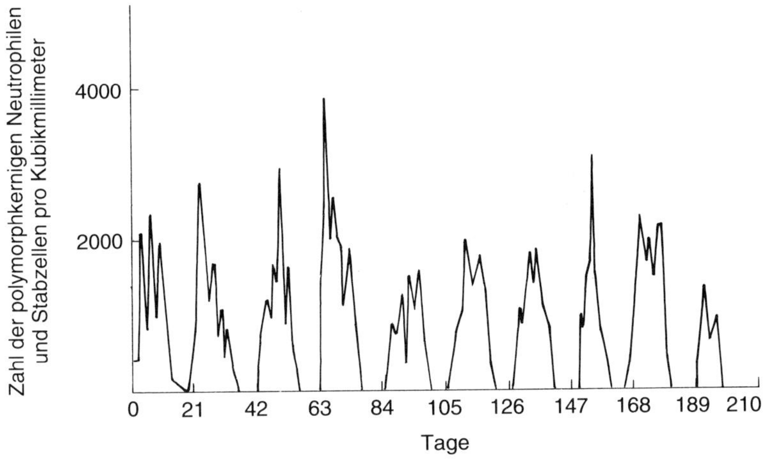

zyklischer Neutropenie die Konzentration einer bestimmten Gruppe von weißen Blutkörperchen periodisch zu- und abnimmt. Diese Rhythmik, deren Periodenlänge bei 20 Tagen liegt, läßt sich auch an anderen Blutzellgruppen nachweisen (nach Guerry et al. 1973). Beide Erkrankungsformen werden von der Theorie der zirkulären Organisation der Blutbildung vorhergesagt.

einhergeht, also mit einer erhöhten Zeitverzögerung *d*; nach dem obigen Modell läge *d* statt bei sechs Tagen (Normalwert) bei etwa 20 Tagen.

Der untere Teil von Bild 5 zeigt eine Verlaufsform der menschlichen zyklischen Neutropenie – manchmal auch periodische Haematopoiesis genannt –, bei der vor allem die Konzentration der Neutrophilen (einer Untergruppe der weißen Blutkörperchen) überaus deutlichen Schwankungen unterliegt. Die Periodenlänge beträgt in dem dargestellten Fall 20 Tage. Nach dem mathematischen Modell ist diese Periodenlänge zu erwarten, wenn die Verzögerungszeit wie bei Gesunden etwa bei sechs Tagen liegt, aber die zweite der drei oben genannten Bedingungen verletzt ist – wenn also die Rückkopplungsfunktion relativ stark abfällt.

Dynamische Krankheiten

Der Übergang zwischen zwei verschiedenen Verhaltenstypen eines Systems wird in der mathematischen Systemtheorie als *Bifurkation* (Verzweigung) bezeichnet. Im beschriebenen Beispiel der Blutbildung haben wir einen Übergang von einem stabilen Gleichgewichtszustand in eine stabile periodische Schwingung (einen sogenannten *Grenzzyklus*) kennengelernt. Er ist hier unmittelbar mit dem Entstehen – beziehungsweise in der umgekehrten Richtung mit dem Verschwinden – eines pathologischen Zustands verbunden. Krankheiten, die sich auf diese Weise verstehen lassen, wurden von Michael C. Mackey, Leon Glass und mir *dynamische Krankheiten* genannt. Die Grundidee dieses Konzepts läßt sich wie folgt darstellen: Wenn in einem mehr oder weniger komplexen System eine Variable (zum Beispiel das *x* unseres Modells) oder eine Konstante (etwa *c* oder *d*) den physiologischen Normalbereich verläßt, kann sich das innere Wirkungsgefüge des Systems dadurch so verändern, daß es zu einem neuen, eventuell pathologischen Verhaltens- und Phänomentyp kommt. Um den gesunden Zustand wiederherzustellen, gibt es grundsätzlich zwei Möglichkeiten: Wenn es gelingt, den verstellten Parameter in den Normalbereich zurückzuführen, kehrt das System von selbst in den ursprünglichen Zustand zurück; ist dies nicht möglich, kann man eventuell einen zweiten Parameter so verändern, daß die pathologische Verschiebung des ersten kompensiert wird. So läßt sich bei bestimmten Störungen der Blutbildung eine zu große Verzögerungszeit *d* dadurch ausgleichen, daß man den abklingenden Teil der Rückkopplungsfunktion etwas flacher gestaltet – zum Beispiel durch künstliche Gaben von Granulopoietin. Die systemtheoretische Betrachtungsweise, die dem Konzept der dynamischen Krankheiten zugrundeliegt, kann also helfen, unterschiedliche Strategien zur Vermeidung und Beseitigung von Krankheiten zu entwickeln.

Zirkuläre Organisation im Nervensystem

Nervenzellen können grundsätzlich auf zweierlei Weise miteinander kommunzieren: Entweder sie aktivieren oder sie hemmen einander. Eine Aktivierung kann beispielsweise durch Neuronen erfolgen, die den Neurotransmitter Acetylcholin ausschütten, eine Hemmung durch Neuronen, die den Transmitter GABA (Gamma-Aminobuttersäure) produzieren (siehe den Artikel *Nervenzellen mit GABA als Überträgerstoff* von David I. Gottlieb in *Spektrum der Wissenschaft*, April 1988). Überall im Zentralnervensystem treten diese beiden Typen von Nervenzellen nebeneinander auf. Es ist anzunehmen, daß es beim Fehlen der hemmenden (inhibitorischen) Neuronen in einem bestimmten Gehirnteil zu einer Übererregung in dieser Region kommt. Hierfür sprechen unter anderem Versuche mit Meerschweinchen, bei denen im Hippocampus, einem Teil der Großhirnrinde, durch unmittelbare Applikation von Penicillin epilepsieartige Anfälle ausgelöst werden können. Das Penicillin tritt dabei an die Stelle des Neurotransmitters GABA, dessen hemmende Wirkung infolgedessen unterbleibt.

Die inhibitorischen Neuronen im Hippocampus nennt man Korbzellen. Sie werden durch die sogenannten Pyramidenzellen erregt, die ihrerseits wiederum von einer dritten Gruppe von Nervenzellen, den Moosfasern, die aus anderen Gehirnregionen kommen, aktiviert und von den Korbzellen gehemmt werden (Bild 6, links). Auch hier liegt also eine zirkuläre Organisation vor. Deren mathematische Modellierung führte Michael C. Mackey und mich auf eine ähnliche Differentialgleichung wie die oben für die Blutbildung angegebene; wiederum ist die Rückkopplung vom gemischten Typ. Bild 6 zeigt rechts die Antworten unseres einfachen Modells auf unterschiedliche Dosen von Penicillin. Die Abfolge der Ereignisse im mathematischen Modell entspricht im wesentlichen der im Tierexperiment beobachteten.

Mit diesem Beispiel lernen wir einige neue Verhaltensweisen kennen, die in einem System mit zirkulärer Organisation auftreten können. Die zirkuläre, rückgekoppelte Struktur führt nur unter ganz bestimmten Bedingungen zu einem stabilen Gleichgewicht, zur Homöostase. In anderen Fällen kommt es dagegen – wie schon bei den Pathologien der Blutbildung gesehen – zu Schwingungen oder Oszillationen, das heißt, rückgekoppelte Systeme können als Oszillatoren funktionieren. Die Schwingungen zerfallen grob in zwei Hauptklassen: die periodischen und die nichtperiodischen (aperiodischen) Schwingungen. Bei den periodischen Oszillationen wiederholt sich eine bestimmte Folge von Ereignissen in stets gleichen Zeitabständen, der Periode. Die Diagramme in Bild 6 (rechts) zeigen, daß es ganz unterschiedliche Typen periodischer Oszillationen geben kann (obere vier Verläufe). Innerhalb einer einzigen Periode können Muster auftreten, die weitaus komplizierter sind als der Verlauf, den man von sinusförmigen Schwingungen oder von der Pendelschwingung kennt. Der Übergang von einem periodischen Schwingungstyp zu einem anderen stellt wieder eine

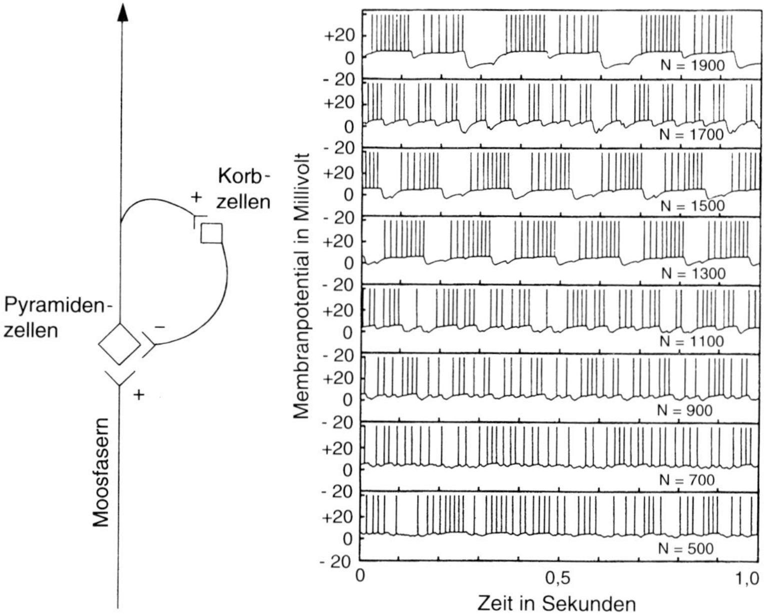

Bild 6 Das Schema links zeigt die zirkuläre Verschaltung der Pyramiden- und Korbzellen im Hippocampus. Die (von Moosfasern aktivierten) Pyramidenzellen erregen (+) die Korbzellen, die ihrerseits die Pyramidenzellen hemmen (−). Die Diagramme rechts geben die Antworten dieses Systems beziehungsweise des entsprechenden mathematischen Modells (siehe Text) wieder, wenn man unterschiedlich hohe Dosen von Penicillin auf das Zellnetzwerk aufbringt. Dargestellt ist jeweils die zeitliche Entwicklung des Membranpotentials (durchgezogene Linie) der Pyramidenzellen und das resultierende Nervenimpulsmuster. Von Bildstreifen zu Bildstreifen nimmt die Penicillinkonzentration in Stufen zu, wodurch mehr und mehr GABA-Rezeptoren blockiert werden (N gibt jeweils die Zahl der unblockierten Rezeptoren an.) Bei niedrigen Penicillinkonzentrationen (obere Bildstreifen) ergeben sich periodische Muster mit einer relativ geringen durchschnittlichen Impulsfrequenz; das Muster pro Periode sieht für verschiedene (bei jedem Teilbild aber konstant gehaltene) Konzentrationen unterschiedlich aus. Bei höheren Penicillinkonzentrationen treten schließlich Oszillationen des Membranpotentials auf, die nicht mehr periodisch sind, und die durchschnittliche Impulsfrequenz ist deutlich erhöht.

Bifurkation dar; der Verhaltenstyp wechselt, obwohl nur eine einzige Größe im System verändert wurde (hier die Anzahl der durch Penicillin blockierten GABA-Rezeptoren). Bild 6 stellt somit von oben nach unten eine Serie von Bifurkationen dar.

Bei mittleren Penicillindosen gehen die periodischen Oszillationen in die zweite große Klasse von Schwingungen über, die aperiodischen Oszillationen. Bei diesen tritt niemals eine exakte Wiederholung des Zeitmusters auf; es hat also keinen Sinn, von einer Periode zu sprechen. Die aperiodischen Oszillationen zerfallen wiederum grob in zwei Unterklassen, die quasiperiodischen und die chaotischen. Phänomenologisch sind beide oft nicht leicht zu unterscheiden, und die technischen Details sollen hier auch nicht diskutiert werden. Wesentlich für chaotisches Verhalten ist das Phänomen der „sensitiven Abhängigkeit von den Anfangsbedingungen“: Geringfügigste Unterschiede in den Ausgangssituationen führen zu sehr unterschiedlichen zeitlichen Entwicklungen, und eine einigermaßen genaue Vorhersage über längere Zeiträume ist aufgrund der für chaotische Systeme typischen Verstärkung mikroskopischer Effekte nicht möglich (vergleiche hierzu den Artikel *Chaos* von James P. Crutchfield, J. Doyne Farmer, Norman H. Packard und Robert S. Shaw in *Spektrum der Wissenschaft*, Februar 1987).

Die Chaostheorie hat in den letzten Jahren vielfältige Anwendungen in Biologie und Medizin gefunden. So hat sich etwa herausgestellt, daß sowohl der gesunde wie auch der pathologische Herzschlag chaotische Phänomene zeigen können. Chaos tritt ebenfalls auf bei gewissen Tremorformen (Parkinsonsche Krankheit), in Elektroenzephalogrammen (also bei Aufzeichnungen der elektrischen Aktivität des Gehirns), bei Pupillenbewegungen und in den Rhythmen des Hormonsystems (dem der folgende Abschnitt gewidmet ist). Neben diesen zeitlichen Chaosformen gibt es noch vielfältige räumliche und raum-zeitliche Ausprägungen des „deterministischen Chaos“, auf die ich hier jedoch nicht eingehen werde.

Der Übergang (Bifurkation) von periodischen Rhythmen in chaotische bei Änderung eines einzigen Parameters läßt sich an zahlreichen Beispielen aus der Physiologie demonstrieren. Besonders augenfällig sind die in Bild 7 wiedergegebenen Veränderungen des Herzschlages eines Hundes, den man steigenden Dosen des Hypnotikums (Beruhigungs- beziehungsweise Schlafmittels) Pentobarbital aussetzte: Innerhalb weniger Minuten durchlief das Tier mehrere typische Herzrhythmusstörungen bis hin zur sehr gefährlichen ventrikulären Fibrillation.

Wie wir gesehen haben, ist ein zirkulär organisiertes System mit gemischter Rückkopplung zu chaotischen Schwingungen in der Lage, wenn gewisse Bedingungen an die Konstanten (Parameter) und die Steigung der Rückkopplungsfunktion erfüllt sind. Allerdings muß Chaosphänomenen nicht in allen Fällen eine Rückkopplungsstruktur der beschriebenen Form zugrunde liegen. Von entscheidender Bedeutung sind jedoch zwei Einsichten der modernen Chaosforschung: a) Bereits relativ einfach aufgebaute vernetzte Systeme können ein extrem kompliziert erscheinendes Verhalten und eine komplexe Phänomenologie zeigen. b) Obwohl das als chaotisch bezeichnete Verhalten Züge der Unregelmäßigkeit und der Zufälligkeit trägt, stellt es nichts anderes als eine besonders subtile Ordnung dar.

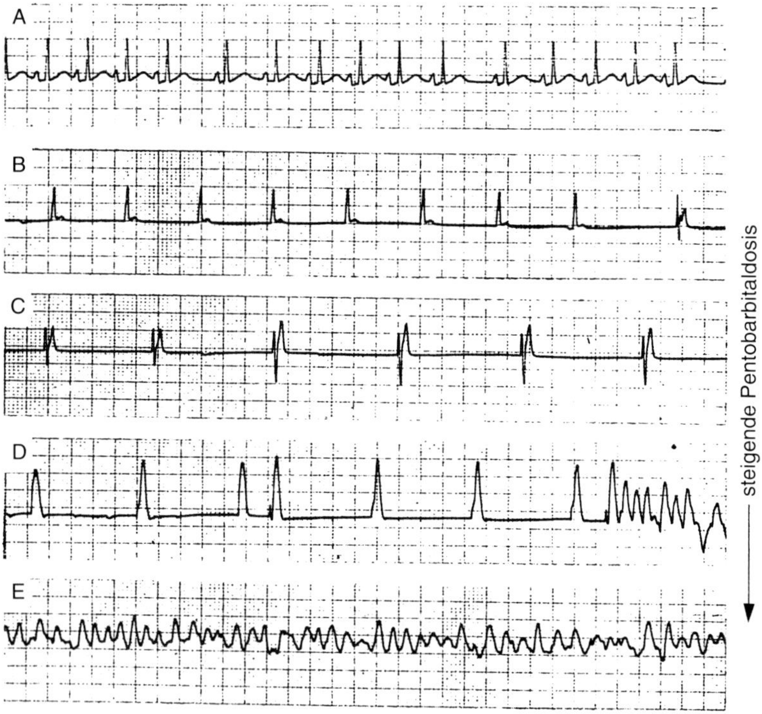

Bild 7 Diese Folge von Elektrocardiogrammen gibt den Herzschlag eines Hundes wieder, der zunehmende Dosen Pentobarbital (ein Beruhigungs- beziehungsweise Schlafmittel) erhielt. Deutlich ist der Übergang vom periodischen zu chaotischem Verhalten zu erkennen. Die Veränderung eines einzigen Parameters löst immer neue Bifurkationen aus (nach Gunteroth 1965).

Gekoppelte Oszillatoren am Beispiel des Hormonsystems

Man sollte sich davor hüten, das in Bild 2 dargestellte Grundschema zirkulärer Organisation zu verabsolutieren und als eine unabhängig von anderen Prozessen im Körper operierende Struktur anzusehen. Der Vernetzungsgrad im Organismus ist in Wirklichkeit weit größer, und man muß sich eine Verschachtelung vieler solcher rückgekoppelter Teilsysteme vorstellen. Die theoretische und experimentelle Durchdringung solcher hochvernetzter Strukturen steckt allerdings noch in den Anfängen. Man beginnt, wie wir gesehen haben, gerade erst die einfache Ringstruktur von Bild 2 zu begreifen, und selbst das ist noch nicht vollständig gelungen.

Eine nächsthöhere Stufe der Komplexität ist erreicht, wenn man zwei solche Ringstrukturen miteinander koppelt. Wir wollen hier zunächst den einfacheren Fall betrachten, daß nur eine einseitige Einwirkung einer der beiden Ringstrukturen auf die andere stattfindet, so daß lediglich eine Kopplung in einer Richtung vorliegt. Als Beispiel betrachten wir eines der großen Kommunikationsnetzwerke unseres Körpers, das Hormonsystem. Dieses ist in mehrere Teilsysteme aufgegliedert, die allerdings keineswegs völlig unabhängig voneinander sind. Bild 8 zeigt die Grundstruktur eines solchen Teilsystems, des Cortisol- oder Nebennierenrindensystems. (Unsere Untersuchungen zum Hormonsystem, deren Ergebnisse im folgenden zum Teil angerissen sind, wurden von der Deutschen Forschungsgemeinschaft gefördert.)

Die Hauptkomponenten des Cortisolsystems sind ringförmig miteinander gekoppelt; es handelt sich dabei um den Hypothalamus (einen Teil des Gehirns), der das Hormon CRH (Corticotropin-Releasing-Hormon) produziert, die Hypophyse, die ACTH (das adrenocorticotrope Hormon) ausschüttet, und die Nebennierenrinde, die Cortisol freisetzt. CRH wirkt (über ACTH) aktivierend auf die Produktion von Cortisol, das seinerseits einen hemmenden Einfluß auf die Produktion sowohl von CRH als auch von ACTH ausübt. Damit ist der Kreis geschlossen. Tatsächlich handelt es sich um zwei ineinandergeschaltete Kreise, sofern man nicht Hypothalamus und Hypophyse zu einer Einheit zusammenfaßt. (Die Frage, ob dies realistisch ist, soll hier nicht diskutiert werden.)

Wir wollen diese zirkuläre Organisation wieder in ein (stark vereinfachtes) mathematisches Modell fassen; dabei soll x die Konzentration von ACTH (eigentlich von einer gewissen Kombination von CRH und ACTH) und y die Konzentration von Cortisol bezeichnen. Deren Veränderungen über die Zeit hängen zum einen von den konstanten Zerfallsraten für die ACTH- beziehungsweise Cortisolmoleküle (c_1 und c_2), zum anderen von den entsprechenden Rückkopplungsfunktionen ab. Die Differentialgleichungen nehmen folgende Form an:

$$dx/dt = -c_1 x + f[y(t-d_1)] \quad (2)$$
$$dy/dt = -c_2 y + g[x(t-d_2)] \quad (3)$$

Die Rückkopplungsfunktionen $f(y)$ und $g(x)$ sind von dem in Bild 4 links beziehungsweise in der Mitte gezeigten Typ. Sie beschreiben, wie x von y beziehungsweise y von x beeinflußt wird. d_1 und d_2 sind Zeitverzögerungskonstanten für die Transportzeiten der Hormone im Blut und für ihre Biosynthesezeiten. Bei geeigneter Wahl der Konstanten und der Steigung der Rückkopplungsfunktionen erhält man als Lösung dieses Differentialgleichungssystems periodische Oszillationen, wie sie in Bild 9a dargestellt sind.

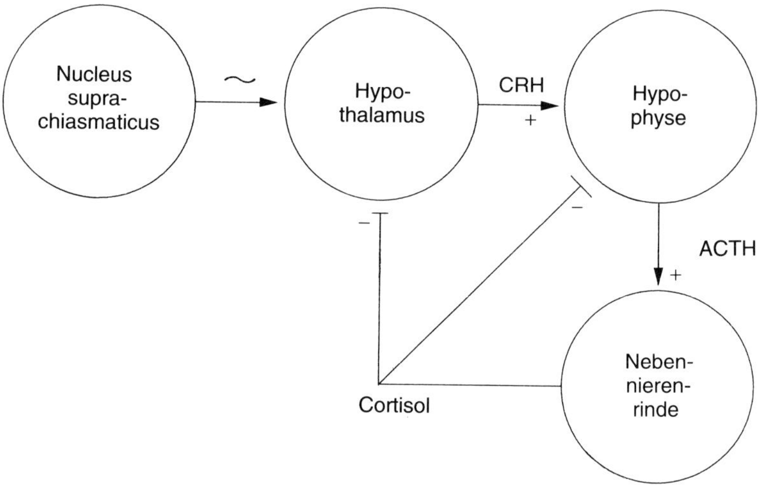

Bild 8 Dieses Schema veranschaulicht die Wechselwirkungen innerhalb des Cortisol-(Nebennierenrinden-)Systems. Aktivierende Einflüsse sind mit +, hemmende mit – gekennzeichnet. Als „Taktgeber" im Gehirn fungiert ein spezieller Verband von Neuronen, den man als Nucleus suprachiasmaticus bezeichnet. Sein (periodischer) Einfluß auf den Hypothalamus ist mit einer Schlangenlinie gekennzeichnet. Das vom Hypothalamus abgegebene Corticotropin-Releasing-Hormon (CRH) veranlaßt die Hirnanhangdrüse oder Hypophyse, das Hormon Corticotropin – auch adrenocorticotropes Hormon (ACTH) genannt – auszuschütten. Dieses regt seinerseits die Nebennierenrinde zur Produktion und Freisetzung von Cortisol an, das – neben seinen Wirkungen im Stoffwechsel – auch hemmend auf Hypothalamus und Hypophyse zurückwirkt.

Ein wesentliches Ergebnis der Hormonforschung in den letzten Jahren besteht darin, daß die Wirkungen der Hormone nicht nur auf ihrer chemischen Natur beruhen, sondern daß zeitliche Muster eine ebenso wichtige Rolle spielen. Wird die Zielzelle eines Hormons einer konstanten Hormonkonzentration ausgesetzt, so reagiert sie – unabhängig von der Konzentrationshöhe – nach einer gewissen Zeit nicht mehr; man sagt, sie adaptiert. Die Hormonrhythmen, die man bei vielen Untersuchungen mißt, haben damit auch funktionelle Bedeutung. Schon seit einigen Jahren weiß man, daß sich Cortisolmedikamente am vorteilhaftesten und mit den geringsten „Nebenwirkungen" einsetzen lassen, wenn die größte Dosis morgens eingenommen wird. Dies entspricht der bei der natürlichen Cortisolproduktion beobachteten Tagesrhythmik. Wie Bild 9c zeigt, gibt es in der Cortisolproduktion bei gesunden Menschen jedoch nicht nur eine Tagesrhythmik; man hat auch eine sehr komplexe, im Stunden- und Minutenbereich liegende Variabilität der Hormonkonzentration gefunden. Ähnliche Beobachtungen liegen für fast alle Hormonsysteme vor (Insulin, Schilddrüsenhormone, Geschlechtshormone und andere). Der pulsartige Charakter der Hormonausschüttung scheint wesentlich zu sein. Die Pulse sind in ihrer Amplitude und in ihren zeitlichen Abständen offenbar keineswegs periodisch.

Um diesen hohen Grad von Komplexität zu verstehen, haben wir in unser einfaches Modell als ersten Schritt einen periodischen Einfluß des Gehirns aufgenommen. Nach dem augenblicklichen Stand des Wissens wird der Tagesrhythmus im Menschen hauptsächlich vom Nucleus suprachiasmaticus, einer kleinen Region im Gehirn oberhalb des Chiasma opticum – der Kreuzung der beiden Sehnerven –, erzeugt. Wir nehmen an, daß dieser Rhythmus über den Hypothalamus an den Hormonregelkreis vermittelt wird (siehe Bild 8). Vermutlich wirken auch noch andere Rhythmen vom Gehirn aus auf das hormonelle System ein (und dieses eventuell zurück).

Die einfachste, wenn auch sicherlich nicht ganz korrekte Art, den rhythmischen Einfluß des Gehirns darzustellen, ist eine Sinusfunktion (mit der Amplitude A und der Frequenz $p/2\pi$). Damit verändert sich Gleichung (2) wie folgt:

$$dx/dt = -c_1 x + f[y(t-d_1)]\ [1 + A \sin(pt)] \qquad (4)$$

Das so erweiterte System beschreibt einen Oszillator, der dem Einfluß eines zweiten, hier durch eine Sinusfunktion repräsentierten externen Oszillators ausgesetzt ist. Unsere Computerberechnungen der Lösungen dieses Gleichungssystems erbrachten weitaus komplexere Verläufe, als sie ohne den externen Oszillator auftreten. (Es sei hier daran erinnert, daß wir nicht die gemischte Rückkopplungsfunktion verwendet haben, die ebenfalls eine hohe Komplexität erzeugen kann.) Bild 9b zeigt einen Fall (gestrichelte ro-

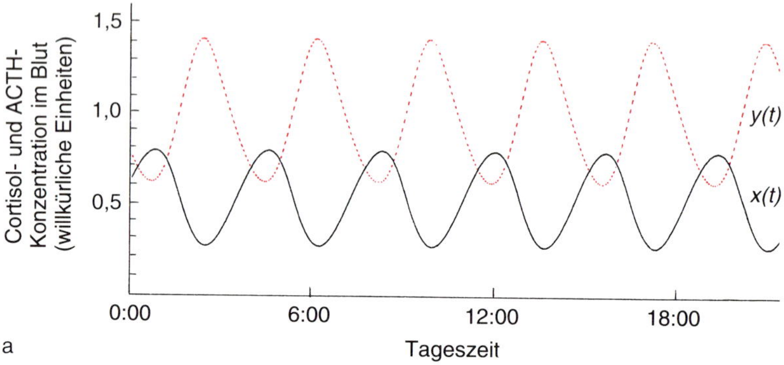
1,5
1,0
0,5
Cortisol- und ACTH-Konzentration im Blut (willkürliche Einheiten)
y(t)
x(t)
0:00
6:00
12:00
18:00
Tageszeit

a

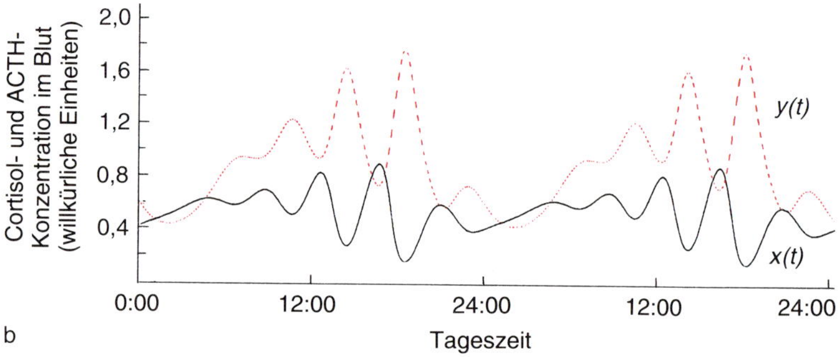
2,0
1,6
1,2
0,8
0,4
Cortisol- und ACTH-Konzentration im Blut (willkürliche Einheiten)
y(t)
x(t)
0:00
12:00
24:00
12:00
24:00
Tageszeit

b

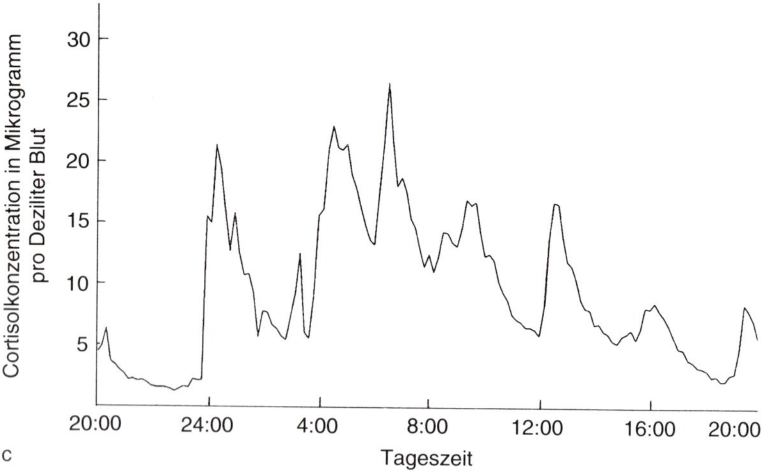
30
25
20
15
10
5
Cortisolkonzentration in Mikrogramm pro Deziliter Blut
20:00
24:00
4:00
8:00
12:00
16:00
20:00
Tageszeit

c

te Kurve), der in gewissen Zügen dem im Teilbild c wiedergegebenen echten Tagesprofil der Cortisolkonzentration im Blut eines gesunden Menschen ähnlich ist. Allerdings gibt es von Individuum zu Individuum sehr unterschiedliche Verläufe. Interessanterweise liefert aber auch das Modell bei Wahl unterschiedlicher Konstanten ganz verschiedene Verhaltensweisen.

Bild 10 zeigt einige dieser komplizierten Verläufe für verschiedene Werte der Konstanten p (des „Frequenzparameters") in Form sogenannter Phasenportraits, in denen horizontal die ACTH-Konzentration (x), vertikal die Cortisolkonzentration (y) aufgetragen ist. Diese Mathematikern und Physikern, aber vielleicht nicht so sehr Biologen vertraute Darstellung zweier gekoppelter Zeitserien erweist sich häufig als besonders prägnant. (Andere Parameter als p wurden nicht variiert.) Die Bildserie ist keineswegs vollständig, und wir können hier auch nicht die Phänomene im einzelnen diskutieren. Sie tragen aber mit zu einem veränderten Verständnis physiologischer Vorgänge bei, das die Konzepte der Vernetztheit, der zirkulären Organisation und der inneren Dynamik gebührend berücksichtigt. Die wichtigsten allgemeinen Schlußfolgerungen möchte ich so zusammenfassen:

1) Die Kommunikation zwischen verschiedenen Teilen des Organismus erfolgt nicht allein über den stofflichen Charakter der Kommunikationsträger (also die Art der Moleküle), sondern hängt ebenso wesentlich vom zeitlich-dynamischen Muster der ankommenden Signale ab.

2) Zirkuläre, vernetzte Strukturen können außerordentlich komplexe und unregelmäßige dynamische Muster hervorbringen, darunter auch solche, die nach der modernen Theorie des „deterministischen Chaos" als chaotisch zu bezeichnen sind und dennoch eine inhärente, wenn auch subtile Ordnung verwirklichen.

Bild 9 Die Konzentrationen von ACTH (x) und Cortisol (y) unterliegen im Tagesverlauf starken Schwankungen. Nach dem einfachen mathematischen Modell, das sich in den beiden Differentialgleichungen (2) und (3) ausdrückt, ergeben sich die völlig gleichmäßigen Oszillationen des obersten Teilbildes (a). Die durchgezogene schwarze Linie stellt die Konzentration von ACTH, die gestrichelte rote Linie die des Cortisols dar. Wenn man zusätzlich den steuernden Einfluß des Nucleus suprachiasmaticus, also den cerebralen Tagesrhythmus, berücksichtigt, nehmen die Kurven eine kompliziertere Form an (Teilbild b), die – ungeachtet der andersartigen Einteilung der Zeitachse – bereits eine gewisse Annäherung an das gemessene Tagesprofil des Cortisolspiegels im Blut eines gesunden Menschen (Teilbild c) zeigt. Zu beachten ist allerdings, daß es von Individuum zu Individuum große Unterschiede in Anzahl und Amplitude der Hormonpulse gibt. (Die „echten" Daten wurden freundlicherweise von Dr. T. H. Schürmeyer von der Endokrinologischen Abteilung der Medizinischen Hochschule Hannover zur Verfügung gestellt.)

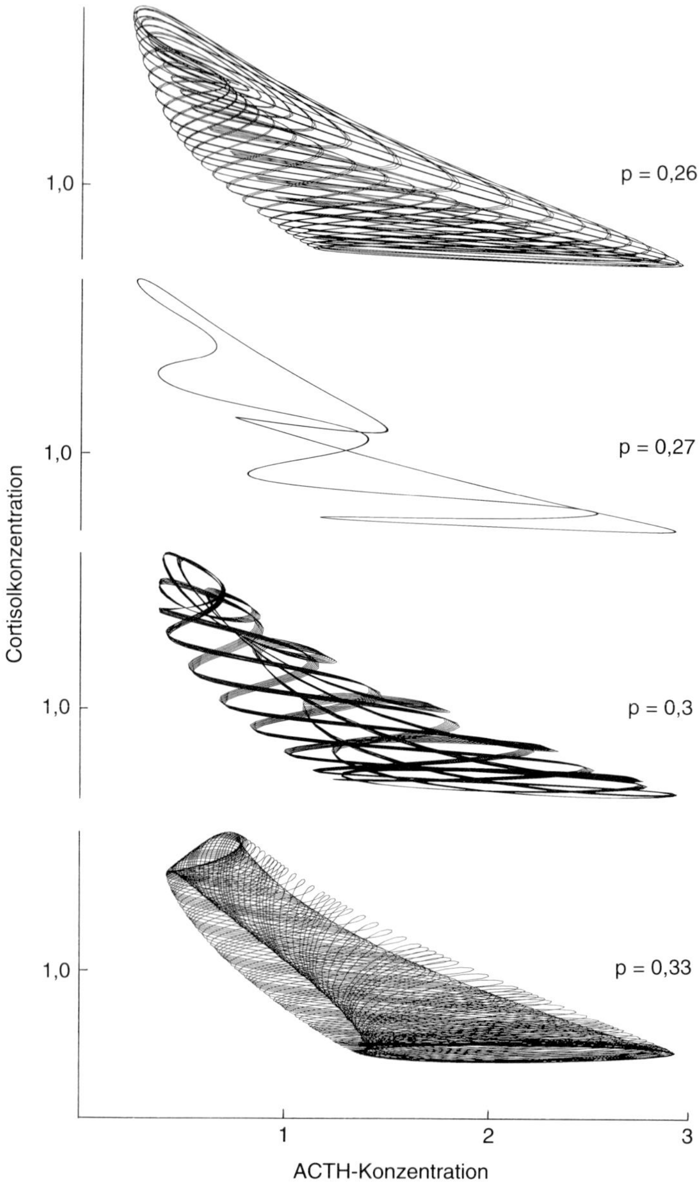
Cortisolkonzentration
1,0
p = 0,26
1,0
p = 0,27
1,0
p = 0,3
1,0
p = 0,33
1
2
3
ACTH-Konzentration

3) Das Konzept vernetzter zirkulärer Strukturen führt zu der Betrachtung des Organismus als eines Systems gekoppelter Oszillatoren. Man hat zum Beispiel nachweisen können, daß Herz- und Atemrhythmus keineswegs unabhängig voneinander sind. Viele Körperrhythmen, etwa die von Verdauung, Körpertemperatur, Blutdruck, Schlafen und Wachen sowie psychischen Befindlichkeiten, beeinflussen sich gegenseitig und unterliegen dem Einfluß circadianer und anderer Rhythmen des Gehirns.
4) Die dynamische Struktur der Kommunikation im Organismus hat große medizinisch-therapeutische Bedeutung. Das geeignete „Timing" der Einnahme von Medikamenten in unterschiedlichen Dosen sowie anderer medizinischer und diätetischer Maßnahmen hat bisher zu wenig Beachtung gefunden und ist noch unzureichend erforscht. Hier liegt die wesentliche Aufgabe der „Chronopharmakologie".
5) Als letzter allgemeiner Gesichtspunkt sei genannt, daß das in Biologie und Medizin über lange Zeit vorherrschende Prinzip der Homöostase, also des stabilen Gleichgewichts, ergänzt werden muß, nämlich durch das komplementäre Prinzip der Dynamik aller Lebensvorgänge. Ein tieferes Verständnis der Vermittlung von Homöostase und Dynamik in der biologischen Organisation stellt eine große Herausforderung an die (nur interdisziplinär zu bewältigende) Forschung dar.

Wir sind gerade erst am Anfang, die Bedeutung und Konsequenzen zirkulärer, vernetzter Organisation zu erkennen.

Ich habe mich in dieser Darstellung hauptsächlich auf Beispiele und Anwendungen im biologisch-physiologischen Bereich beschränkt. Es ist aber im Lichte des umfassenden Ansatzes der Psychoneuroimmunologie wichtig, darauf hinzuweisen, daß die erörterten Konzepte der zirkulären Organisation, allgemeiner der Vernetztheit und ihrer Dynamik, eine viel weiterreichende Bedeutung haben. Das Leben des Menschen erschöpft sich nicht im Körperlichen, sondern umfaßt auch Denken, Fühlen, Wahrnehmen und Handeln. Vielleicht kann ich es dem Leser überlassen, sich Beispiele dafür

Bild 10 Phasenportraits für das mathematische Modell des in Bild 8 schematisch dargestellten Cortisol-(Nebennierenrinden-)Systems gemäß den Differentialgleichungen (3) und (4). Gezeigt sind einige Lösungen des Gleichungssystems für verschiedene Werte des Frequenzparameters p. Die waagerechte Achse gibt jeweils die ACTH-Hormonkonzentration $x(t)$, die senkrechte die Cortisolkonzentration $y(t)$ an. Die komplexen Kurven („Trajektorien") zeigen, welche Konzentrationsverhältnisse im Laufe der Zeit durchlaufen werden. Die Zeit kann man sich hier als einen Punkt vorstellen, der die Kurven entgegen dem Uhrzeigersinn durchläuft und dessen Koordinaten $x(t)$, $y(t)$ die zum jeweiligen Zeitpunkt t herrschenden Konzentrationsverhältnisse wiedergeben. (Für die Erstellung der Computerlösungen in Bild 9 und 10 möchte ich meinem Mitarbeiter Ralf Scholl danken.)

zu vergegenwärtigen, daß diese fünf großen Bereiche nicht unabhängig voneinander sind. Jeder von ihnen nimmt Einfluß auf alle anderen, und so ergeben sich naturgemäß zahllose zirkuläre Abhängigkeiten (beispielsweise Körperlichkeit – Fühlen – Handeln – Körperlichkeit). Dies im einzelnen auszuführen und die Konsequenzen zu entwickeln, würde freilich ein großes Forschungsprogramm bedeuten. Bild 11 veranschaulicht die Vielfalt der Beziehungen und Wirkzusammenhänge.

Es ist offensichtlich, daß das Konzept der Psychoneuroimmunologie, Psyche und Organismus als aufeinander bezogene Einheit und Ganzheit zu betrachten, genau hier anschließt. Insofern weist dieser letzte Beitrag des Buches auf den ersten zurück.

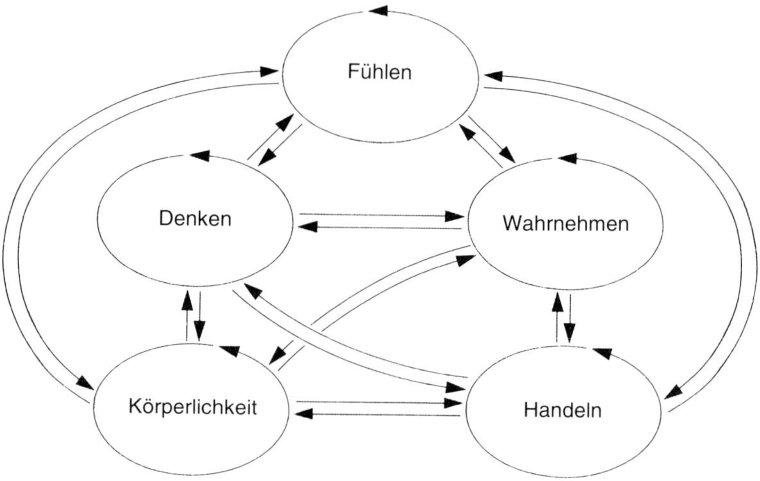

Bild 11 Dieses Bild soll verdeutlichen, daß das Konzept der zirkulären Organisation und Vernetztheit nicht auf den Körper und seine Bestandteile beschränkt ist. Denken, Fühlen, Handeln, Wahrnehmung *und* Körperlichkeit sind durch vielfache Wechselwirkungen aufeinander bezogen und voneinander abhängig. Der mit einem Pfeil versehene Kreis um jeden dieser fünf für den Menschen fundamentalen Bereiche soll andeuten, daß jeder bereits in sich ein komplexes Netzwerk darstellt. Auf der Vernetzungsstruktur dieses Diagramms beruht letztendlich die Psychoneuroimmunologie.

Literatur

Knotenpunkte eines psycho-somatischen Netzwerkes

Ader, R.; Felten, D. L.; Cohen, N. (Hrsg.) *Psychoneuroimmunology.* New York (Academic Press) 1991.

Fox, B. H.; Newberry, W. M. (Hrsg.) *Impact of Psycho-Endocrine Systems in Cancer and Immunity.* Lewiston/New York/Toronto (C. J. Hogrefe) 1984.

Jankovic, B. D.; Markovic, B. M.; Spector, N. H. (Hrsg.) *Neuroimmune Interactions.* Annals of the New York Academy of Sciences. Bd. 496 (1987).

Pierpaoli, W.; Spector, N. H. (Hrsg.) *Neuroimmunomodulation: Intervention in Aging and Cancer.* Annals of the New York Academy of Sciences. Bd. 521 (1988).

Selye, H. *The Stress of Life.* New York (McGraw-Hill) 1956.

Zänker, K. S. *Sprache und Immunsystem.* In: Zilch, M. J. (Hrsg.) *Immunologie. Ein Wegweiser zur ganzheitlichen Arzt- und Arznei-Wissenschaft.* Neckarsulm/Stuttgart (Jungjohann) 1990.

Zänker, K. S.; Kroczek, R.; Hubertz, I.; Hodapp, V.; Spielberger, C. D. *Role of Cognitive Processes in Immun-Modulation in Cancer Disease.* In: Simic, M. G.; Cerutti, P. (Hrsg.) *Anticarcinogenesis and Radiation Protection.* New York (Plenum Press) 1991. Bd. 2, S. 417–422.

Signalübertragung zwischen Zellen

(Erstveröffentlichung in *Spektrum der Wissenschaft* 12/1985)

Czech, M. P. *The Nature and Regulation of the Insulin Receptor: Structure and Function.* In: *Annual Review of Physiology* 47 (1985) S. 357–381.

Dunant, Y.; Israël, M. *Die synaptische Freisetzung von Acetylcholin.* In: *Spektrum der Wissenschaft* 6 (1985) S. 78–87.

Iversen, L. L. *Die Chemie der Signalübertragung im Gehirn.* In: *Gehirn und Nervensystem.* Heidelberg (Spektrum der Wissenschaft) 1985. S. 20–31.

Krieger, D. T. *Brain Peptides: What, Where, and Why?* In: *Science* 222/4627 (1983) S. 975–985.

Sherman, M. R.; Stevens, J. *Structure of Mammalian Steroid Receptors: Evolving Concepts and Methodological Development.* In: *Annual Review of Physiology* 46 (1984) S. 83–105.
Snyder, S. H. *Drug and Neurotransmitter Receptors in the Brain.* In: *Science* 224/4644 (1984) S. 22–31.

Die Moleküle des Immunsystems
(Erstveröffentlichung in *Spektrum der Wissenschaft* 12/1985)

Hedrick, S. M.; Nielsen, E. A.; Kavaler, J.; Cohen, D. I.; Davis, M. M. *Sequence Relationships Between Putative T-Cell Receptor Polypeptides and Immunoglobulins.* In: *Nature* 308/5955 (1984) S. 153–155,
Hozumi, N.; Tonegawa, S. *Evidence for Somatic Rearrangement of Immunoglobulin Genes Coding for Variable and Constant Regions.* In: *Proceedings of the National Academy of Sciences* 73/10 (1976) S. 3628–3632.
Saito, H.; Kranz, D. M.; Takagaki, Y.; Hayday, A. C.; Eisen, H. N.; Tonegawa, S. *A Third Rearranged and Expressed Gene in a Clone of Cytotoxic T Lymphocytes.* In: *Nature* 312/5989 (1984) S. 36–40.
Tonegawa, S. *Somatic Generation of Antibody Diversity.* In: *Nature* 302/5909 (1983) S. 575–581.

Interleukin 2: Ein Hormon im Immunsystem
(Erstveröffentlichung in *Spektrum der Wissenschaft* 5/1990)

Burnet, Sir M. *Cellular Immunology.* Melbourne (Melbourne University Press) 1969.
Immunsystem. Abwehr und Selbsterkennung auf molekularem Niveau. Heidelberg (Spektrum der Wissenschaft) 1988.
Smith, K. A. (Hrsg.) *Interleukin 2.* New York (Academic Press) 1988.
Smith, K. A. *Interleukin-2: Inception, Impact, and Implications.* In: *Science* 240/4856 (1988) S. 1169–1176.
Smith, K. A. *The Interleukin-2 Receptor.* In: *Annual Review of Cell Biology* 5 (1989) S. 397–425.

Adoptive Immuntherapie von Krebs
(Erstveröffentlichung in *Spektrum der Wissenschaft* 7/1990)

DeVita, V. T. jr.; Hellman, S.; Rosenberg, S. A. (Hrsg.) *Important Advances in Oncology.* Philadelphia (Lippincott) 1986.

Rosenberg, S. A. *The Development of New Immunotherapies for the Treatment of Cancer Using Interleukin-2.* In: *Annals of Surgery* 208/2 (1988) S. 121–135.
Rosenberg, S. A., Lotze, M. T.; Yang, J. C.; Aebersold, P. M.; Linehan, W. M.; Seipp, C. A.; White, S. E. *Experience with the Use of High-Dose Interleukin-2 in the Treatment of 652 Cancer Patients.* In: *Annals of Surgery* 210/4 (1989) S. 474–485.
Rosenberg, S. A.; Packard, B. S.; Aebersold, P. M.; Solomon, D.; Topalian, S. L.; Toy, S. T.; Simon, P.; Lotze, M. T.; Yang, J. C.; Seipp, C. A.; Simpson, C.; Carter, C.; Bock, S.; Schwartzentruber, D.; Wei, J. P.; White, D. E. *Use of Tumor-Infiltrating Lymphocytes and Interleukin-2 in the Immunotherapy of Patients with Metastatic Melanoma: A Preliminary Report.* In: *New England Journal of Medicine* 319/25 (1988) S. 1676–1680.

Der Organismus als selbstherstellendes dynamisches System

an der Heiden, U. *Chaos in Health and Disease.* In: Schiepek, G. (Hrsg.) *Self-Organisation and Clinical Psychology.* Berlin/Heidelberg/New York (Springer) 1991.
an der Heiden, U.; Roth, G.; Schwegler, H. *Die Organisation der Organismen: Selbstherstellung und Selbsterhaltung.* In: *Funkt. Biol. Med.* 5 (1985) S. 330–346.
Glass, L.; Mackey, M. C. *From Clocks to Chaos – The Rhythms of Life.* Princeton (Princeton University Press) 1988.
Hesch, R. D. (Hrsg.) *Endokrinologie.* München/Wien/Baltimore (Urban & Schwarzenberg) 1989.
Mackey, M. C.; an der Heiden, U. *Dynamical Diseases and Bifurcations: Unterstanding Functional Disorders in Physiological Systems.* In: *Funkt. Biol. Med.* 1 (1982) S. 156–164.
Maturana, H. R. *Erkennen: Die Organisation und Verkörperung von Wirklichkeit.* Braunschweig/Wiesbaden (Vieweg) 1982.
Rensing, L.; an der Heiden, U.; Mackey, M. C. (Hrsg.) *Temporal Disorder in Human Oscillatory Systems.* Berlin/Heidelberg/New York (Springer) 1987.

Autoren

Uwe an der Heiden lehrt seit 1987 an der Naturwissenschaftlichen Fakultät der Universität Witten/Herdecke. Er ist Inhaber des Lehrstuhls für Mathematik und Theorie komplexer Systeme sowie Leiter des Zentrums für nichtlineare Dynamik in Biochemie, Physiologie und Medizin. Er promovierte 1972 in Mathematik an der Universität Göttingen und habilitierte sich 1979 in Biomathematik und Theoretischer Biologie an der Universität Tübingen. Seine Hauptarbeitsgebiete sind die Mathematik nichtlinearer dynamischer Systeme sowie deren Anwendung in Biologie und Medizin.

Steven A. Rosenberg ist seit 1974 Chefarzt der Chirurgischen Abteilung am Nationalen Krebsinstitut der Vereinigten Staaten in Bethesda (Maryland). Im Jahre 1963 promovierte er an der Johns-Hopkins-Universität in Baltimore (Maryland) in Medizin und 1968 an der Harvard-Universität in Cambridge (Massachusetts) in Biophysik. Bevor er seine jetzige Stelle antrat, vervollständigte er seine chirurgische Ausbildung am Peter-Bent-Brigham-Hospital in Boston. Rosenberg hat Pionierarbeit bei der Entwicklung biologischer Ansätze zur Krebsbehandlung geleistet, die auf körpereigenen Stoffen und Zellen beruhen.

Kendall A. Smith ist Professor für Medizin an der Medizinischen Fakultät des Dartmouth College in Hanover (New Hampshire). Er hat 1968 am Medizinischen College der Staatsuniversität von Ohio in Columbus promoviert. Die Praktikantenzeit verbrachte er an der Yale-Universität in New Haven (Connecticut) und forschte danach einige Jahre am Nationalen Krebsinstitut der Vereinigten Staaten in Bethesda (Maryland), in Dartmouth und am Institut für Krebsforschung und Immungenetik in Villejuif (Frankreich). Smith forscht zur Zeit an den Strukturen von Interleukin 2 und seinem Rezeptor, an den molekularen Vorgängen bei der Zellvermehrung und den biochemischen Mechanismen, die dem Gedächtnis des Immunsystems zugrunde liegen; überdies beschäftigt er sich mit medizinischen Einsatzmöglichkeiten für Interleukine.

Solomon H. Snyder ist Direktor der Abteilung Neurowissenschaften an der Johns-Hopkins-Universität in Baltimore (Maryland) und dort als Professor für Neurowissenschaften, Pharmakologie und Psychiatrie tätig. An dieser Universität erhielt er auch seine psychiatrische Ausbildung, nachdem er an der Universität Georgetown Medizin studiert hatte. Zu den zahlreichen Auszeichnungen Snyders gehören der Albert Lasker Award for Basic Biomedical Research (1978), der Wolf Foundation Prize for Medicine (1982) und der Dickson Prize der Universität von Pittsburgh (1983). Snyder ist Mitglied der Nationalen Akademie der Wissenschaften der USA. Er hat mehrere Bücher im Bereich der Psychopharmakologie und Psychiatrie veröffentlicht.

Susumu Tonegawa ist seit 1981 Professor für Biologie am Krebsforschungszentrum des Massachusetts Institute of Technology (MIT). Der gebürtige Japaner studierte in Kioto und promovierte 1968 an der Universität von Kalifornien in San Diego. Zwischen 1971 und 1981 arbeitete er am Basler Institut für Immunologie, wo er – angeregt durch Niels Jernes Ideen zur Diversifizierung des Antikörperrepertoires durch somatische Mutationen – die ersten bahnbrechenden Experimente zur Aufklärung der Struktur und Organisation der Antikörpergene machte. 1983 wurde er von der japanischen Regierung zur Person ernannt, die sich um die Kultur verdient gemacht hat. Ende 1986 erhielt er den Robert-Koch-Preis und im Jahre 1987 den Nobelpreis für Medizin.

Kurt S. Zänker ist Professor für Immunologie an der Universität Witten/Herdecke. Er hat Human- und Veterinärmedizin studiert und zusätzlich eine Ausbildung in Biochemie am Max-Planck-Institut für Biochemie in Martinsried sowie an verschiedenen Universitäten in den USA erfahren. Nach seiner Habilitation, die sich mit einer immunologischen Fragestellung zur Zell-Zell-Kommunikation befaßte, erhielt er 1987 den Ruf auf den Lehrstuhl für Immunologie in Witten/Herdecke. Sein Hauptforschungsgebiet dort ist die experimentelle und klinische Psychoneuroimmunologie. Im Forschungsverbund mit angelsächsischen Arbeitsgruppen versucht er die Bindeglieder zwischen Körper, Immunsystem, neuronalen Strukturen und Emotionen naturwissenschaftlich beschreibbar zu machen, um daraus Strategien für Interventionsstudien ableiten zu können.

Bildnachweise

Titelbild*: © Schaper & Brümmer, Salzgitter-Ringelheim – **Vorspann:** Bilder a bis h: Peter Mandoki, München – **Knotenpunkte eines psychosomatischen Netzwerkes:** Bild 1: Spektrum Akademischer Verlag; Bilder 2, 6 und 7: Kurt S. Zänker/Spektrum Akademischer Verlag; Bild 3: Eberhard Weihe; Bilder 4 und 5: Kurt S. Zänker – **Signalübertragung zwischen Zellen:** Bilder 1 bis 3, 5, 6, 7 rechts und 8 unten: Alan D. Iselin; Bilder 4, 7 links und 8 oben: Tripos Associates – **Die Moleküle des Immunsystems:** Bilder 1 und 4: Arthur J. Olson; Bilder 2, 3 und 5 bis 10: Gabor Kiss – **Interleukin 2: Ein Hormon im Immunsystem:** Bilder 1 bis 7: George Retseck – **Adoptive Immuntherapie von Krebs:** Bild 1: Richard Knazek, Cellco Advanced Bioreactors Company, Rockville, Md.; Bilder 2, 5 und 7: Carol Donner; Bilder 3 und 6: Steven A. Rosenberg; Bild 4: Johnny Johnson – **Der Organismus als selbstherstellendes dynamisches System:** Bilder 1 bis 4 und 8 bis 11: Uwe an der Heiden/Spektrum Akademischer Verlag; Bild 5 oben: verändert aus Gatti, R. A.; Robinson, W. W.; Deinare, A. S.; Nesbit, M.; McCulloch, J. J.; Ballow, M.; Good, R. A. *Cyclic Leukocytosis in Chronic Myelogenous Leukemia*. In: *Blood* 41 (1972) S. 771–782; Bild 5 unten: verändert aus Guerry, D.; Dale, D. C.; Omine, M.; Perry, S.; Wolff, S. M. *Periodic Hematopoiesis in Human Cyclic Neutropenia*. In: *J. Clin. Invest.* 52 (1973) S. 3220–3230; Bild 6: verändert aus Mackey. M. C.; an der Heiden, U. *The Dynamics of Recurrent Inhibition*. In: *J. Math. Biol.* 19 (1984) S. 211–225; Bild 7: nach Gunteroth, W. G. *Pediatric Electrocardiography*. Philadelphia, Penn. (Saunders) 1965.

---

* Das Titelbild veranschaulicht verschiedene Funktionen der zellulären Immunabwehr bei der Auseinandersetzung mit bakteriellen und viralen Erregern. Makrophagen mit langen Fortsätzen (blau) nehmen durch Phagocytose Antigene auf und bieten sie T-Lymphocyten dar (Antigenpräsentation). Durch Abgabe von Botenstoffen (zum Beispiel Interleukin 1) stimulieren die aktivierten Makrophagen vor allem T-Helferzellen (im Bild oberhalb des großen Makrophagen). Diese geben die Information durch Ausschüttung von Interleukin 2 an Plasmazellen und Killerzellen weiter. Die aktivierten Killerzellen (gelb) können insbesondere virusinfizierte Zellen angreifen; Plasmazellen produzieren Antikörper (Bildmitte). Die entstehenden Antigen/Antikörper-Komplexe werden wiederum von Makrophagen mittels Phagocytose eliminiert.

Index

Die Deutsche Bibliothek – CIP-Einheitsaufnahme:

Kommunikationsnetzwerke im Körper :
Psychoneuroimmunologie – Aspekte einer neuen Wissenschaftsdisziplin / hrsg. von
Kurt S. Zänker. – Heidelberg : Spektrum Akad. Verl., 1991
ISBN 3-89330-665-X
NE: Zänker, Kurt S. [Hrsg.]

Dieses Buch ist entstanden mit Unterstützung der Firma Schaper & Brümmer, Salzgitter-Ringelheim.

Lektorat: Frank Wigger
Buchgestaltung: Karin Kern

Gesamtherstellung: Klambt-Druck GmbH, Speyer

Gedruckt auf umweltfreundlichem Papier